KB085518

아이가 주인공인 책

아이는 스스로 생각하고 성장합니다.
아이를 존중하고 가능성을 믿을 때
새로운 문제들을 스스로 해결해 나갈 수 있습니다.

<기적의 학습서>는 아이가 주인공인 책입니다.
탄탄한 실력을 만드는 체계적인 학습법으로
아이의 공부 자신감을 높여줍니다.

가능성과 꿈을 응원해 주세요.
아이가 주인공인 분위기를 만들어 주고,
작은 노력과 땀방울에 큰 박수를 보내 주세요.
<기적의 학습서>가 자녀교육에 힘이 되겠습니다.

기적의 계산법 7권

나만의
학습 기록표

책상 위에, 냉장고에, 어디든 내 손이 닿는 곳에 붙여 두세요.

매일매일 공부하면서 걸린 시간과 맞은 개수를 기록하면

어제보다, 지난주보다, 지난달보다 한 뼘 자란 내 실력을 알 수 있어요.

길벗스쿨

균 시간 : 2분 30초		B	평균 시간 : 2분	
시간	맞은 개수		걸린 시간	맞은 개수
초	/20		분 초	/15
초	/20		분 초	/15
초	/20		분 초	/15
초	/20		분 초	/15
초	/20		분 초	/15

평균 시간 : 3분		B	평균 시간 : 4분 30초	
시간	맞은 개수		걸린 시간	맞은 개수
초	/15		분 초	/12
초	/15		분 초	/12
초	/15		분 초	/12
초	/15		분 초	/12
초	/15		분 초	/12

균 시간 : 6분 20초		B	평균 시간 : 7분 10초	
시간	맞은 개수		걸린 시간	맞은 개수
초	/12		분 초	/9
초	/12		분 초	/9
초	/12		분 초	/9
초	/12		분 초	/9
초	/12		분 초	/9

균 시간 : 3분 30초		B	평균 시간 : 4분 40초	
시간	맞은 개수		걸린 시간	맞은 개수
초	/15		분 초	/12
초	/15		분 초	/12
초	/15		분 초	/12
초	/15		분 초	/12
초	/15		분 초	/12

균 시간 : 3분 50초		B	평균 시간 : 4분 30초	
시간	맞은 개수		걸린 시간	맞은 개수
초	/9		분 초	/9
초	/9		분 초	/9
초	/9		분 초	/9
초	/9		분 초	/9
초	/9		분 초	/9

66단계	공부한 날짜	A	평균 시간 : 4분		B	평균 시간 : 5분 20초	
			걸린 시간	맞은 개수		걸린 시간	맞은 개수
1일차	/		분 초	/15		분 초	/12
2일차	/		분 초	/15		분 초	/12
3일차	/		분 초	/15		분 초	/12
4일차	/		분 초	/15		분 초	/12
5일차	/		분 초	/15		분 초	/12

67단계	공부한 날짜	A	평균 시간 : 5분 20초		B	평균 시간 : 6분 50초	
			걸린 시간	맞은 개수		걸린 시간	맞은 개수
1일차	/		분 초	/15		분 초	/12
2일차	/		분 초	/15		분 초	/12
3일차	/		분 초	/15		분 초	/12
4일차	/		분 초	/15		분 초	/12
5일차	/		분 초	/15		분 초	/12

68단계	공부한 날짜	A	평균 시간 : 6분 40초		B	평균 시간 : 7분 50초	
			걸린 시간	맞은 개수		걸린 시간	맞은 개수
1일차	/		분 초	/12		분 초	/9
2일차	/		분 초	/12		분 초	/9
3일차	/		분 초	/12		분 초	/9
4일차	/		분 초	/12		분 초	/9
5일차	/		분 초	/12		분 초	/9

69단계	공부한 날짜	A	평균 시간 : 5분 30초		B	평균 시간 : 4분 50초	
			걸린 시간	맞은 개수		걸린 시간	맞은 개수
1일차	/		분 초	/12		분 초	/9
2일차	/		분 초	/12		분 초	/9
3일차	/		분 초	/12		분 초	/9
4일차	/		분 초	/12		분 초	/9
5일차	/		분 초	/12		분 초	/9

70단계	공부한 날짜	A	걸린 시간	맞은 개수	B	걸린 시간	맞은 개수
1일차	/		분 초	/5		분 초	/10
2일차	/		분 초	/6		분 초	/10
3일차	/		분 초	/6		분 초	/10
4일차	/		분 초	/6		분 초	/10
5일차	/		분 초	/10		분 초	/3

※70단계는 매일 다른 내용으로 공부해요. 시간을 재는 것보다 방정식에 익숙해지는 연습을 하세요.

의 학습 다짐

기적의 계산법을 언제 어떻게 공부할지
스스로 약속하고 실천해요!

1 나는 하루에 기적의 계산법 장을 풀 거야.

얼마나?

내가 지킬 수 있는 공부량을 스스로 정해보세요. 하루에 한 장을
풀면 좋지만, 빨리 책 한 권을 끝내고 싶다면 2장씩 풀어도 좋아요.

2 나는 매일

언제?

에 공부할 거야.

아침 먹고 학교 가기 전이나 저녁 먹은 후에 해도 좋고, 학원 가기
전도 좋아요. 되도록 같은 시간에, 스스로 정한 양을 풀어 보세요.

3 딴짓은 No! 연산에만 딱 집중할 거야.

과자 먹으면서? No! 엄마와 얘기하면서? No!
한 장을 집중해서 풀면 30분도 안 걸려요. 책상에 바르게 앉아
오늘 풀어야 할 목표량을 해치우세요.

4 문제 하나하나 바르게 풀 거야.

느리더라도 자신의 속도대로 정확하게 푸는 것이 중요해요.
처음부터 암산하지 말고, 자연스럽게 암산이 가능할 때까지
훈련하면 문제를 푸는 시간은 저절로 줄어들어요.

61단계	공부한 날짜	A	평 걸린
1일차	/		분
2일차	/		분
3일차	/		분
4일차	/		분
5일차	/		분

62단계	공부한 날짜	A	걸린
1일차	/		분
2일차	/		분
3일차	/		분
4일차	/		분
5일차	/		분

63단계	공부한 날짜	A	평 걸린
1일차	/		분
2일차	/		분
3일차	/		분
4일차	/		분
5일차	/		분

64단계	공부한 날짜	A	평 걸린
1일차	/		분
2일차	/		분
3일차	/		분
4일차	/		분
5일차	/		분

65단계	공부한 날짜	A	평 걸린
1일차	/		분
2일차	/		분
3일차	/		분
4일차	/		분
5일차	/		분

기적의 계산법

초등 4학년

7권

기적의 계산법 · 7권

초판 발행 2021년 12월 20일
초판 9쇄 2024년 7월 31일

지은이 기적학습연구소
발행인 이종원
발행처 길벗스쿨
출판사 등록일 2006년 7월 1일
주소 서울시 마포구 월드컵로 10길 56(서교동)
대표 전화 02)332-0931 | **팩스** 02)333-5409
홈페이지 school.gilbut.co.kr | **이메일** gilbut@gilbut.co.kr

기획 이선정(dinga@gilbut.co.kr) | **편집진행** 홍현경, 이선정
제작 이준호, 손일순, 이진혁 | **영업마케팅** 문세연, 박선경, 박다슬 | **웹마케팅** 박달님, 이재윤, 이지수, 나혜연
영업관리 김명자, 정경화 | **독자지원** 윤정아
디자인 정보라 | **표지 일러스트** 김다예 | **본문 일러스트** 김지하
전산편집 글사랑 | **CTP 출력·인쇄·제본** 예림인쇄

▶ 본 도서는 '절취선 형성을 위한 제본용 접지 장치(Folding apparatus for bookbinding)' 기술 적용도서입니다.
  특허 제10-2301169호
▶ 잘못 만든 책은 구입한 서점에서 바꿔 드립니다.

ISBN 979-11-6406-404-5 64410
(길벗 도서번호 10815)

정가 9,000원

독자의 1초를 아껴주는 정성 길벗출판사

길벗스쿨 | 국어학습서, 수학학습서, 유아학습서, 어학학습서, 어린이교양서, 교과서 school.gilbut.co.kr
길벗 | IT실용서, IT/일반 수험서, IT전문서, 경제실용서, 취미실용서, 건강실용서, 자녀교육서 www.gilbut.co.kr
더퀘스트 | 인문교양서, 비즈니스서
길벗이지톡 | 어학단행본, 어학수험서

연산, 왜 해야 하나요?

"계산은 계산기가 하면 되지,
다 아는데 이 지겨운 걸 계속 풀어야 해?"
아이들은 자주 이렇게 말해요. 연산 훈련, 꼭 시켜야 할까요?

1. 초등수학의 80%, 연산

초등수학의 5개 영역 중에서 가장 많은 부분을 차지하는 것이 바로 수와 연산입니다. 절반 정도를 차지하고 있어요.

그런데 곰곰이 생각해 보면 도형, 측정 영역에서 길이의 덧셈과 뺄셈, 시간의 합과 차, 도형의 둘레와 넓이처럼

다른 영역의 문제를 풀 때도 마지막에는 연산 과정이 있죠.

이때 연산이 충분히 훈련되지 않으면 문제를 끝까지 해결하기 어려워집니다.

초등학교 수학의 핵심은 연산입니다. 연산을 잘하면 수학이 재미있어지고 점점 자신감이 붙어서 수학을 잘할 수 있어요.

연산 훈련으로 아이의 '수학자신감'을 키워주세요.

2. 아깝게 틀리는 이유, 계산 실수 때문에!
시험 시간이 부족한 이유, 계산이 느려서!

1, 2학년의 연산은 눈으로도 풀 수 있는 문제가 많아요. 하지만 고학년이 될수록 연산은 점점 복잡해지고,

한 문제를 풀기 위해 거쳐야 하는 연산 횟수도 훨씬 많아집니다. 중간에 한 번만 실수해도 문제를 틀리게 되죠.

아이가 작은 연산 실수로 문제를 틀리는 것만큼 안타까울 때가 또 있을까요?

어려운 글도 잘 이해했고, 식도 잘 세웠는데 아주 작은 실수로 문제를 틀리면 엄마도 속상하고, 아이는 더 속상하죠.

게다가 고학년일수록 수학이 더 어려워지기 때문에 계산하는 데 시간이 오래 걸리면 정작 문제를 풀 시간이 부족하고,

급한 마음에 실수도 종종 생깁니다.

가볍게 생각하고 그대로 방치하면 중·고등학생이 되었을 때 이 부분이 수학 공부에 치명적인 약점이 될 수 있어요.

공부할 내용은 늘고 시험 시간은 줄어드는데, 절차가 많고 복잡한 문제를 해결할 시간까지 모자랄 수 있으니까요.

연산은 쉽더라도 정확하게 푸는 반복 훈련이 꼭 필요해요. 처음 배울 때부터 차근차근 실력을 다져야 합니다.

처음에는 느릴 수 있어요. 이제 막 배운 내용이거나 어려운 연산은 손에 익히는 데까지 시간이 필요하지만,

정확하게 푸는 연습을 꾸준히 하면 문제를 푸는 속도는 자연스럽게 빨라집니다.

꾸준한 반복 학습으로 연산의 '정확성'과 '속도' 두 마리 토끼를 모두 잡으세요.

연산, 이렇게 공부하세요.

연산을 왜 해야 하는지는 알겠는데, 어떻게 시작해야 할지 고민되시나요?
연산 훈련을 위한 다섯 가지 방법을 알려 드릴게요.

1 매일 같은 시간, 같은 양을 학습하세요.

공부 습관을 만들 때는 학습 부담을 줄이고 최소한의 시간으로 작게 목표를 잡아서 지금 할 수 있는 것부터 시작하는 것이 좋습니다. 이때 제격인 것이 바로 연산 훈련입니다. '얼마나 많은 양을 공부하는가'보다 '얼마나 꾸준히 했느냐'가 연산 능력을 키우는 가장 중요한 열쇠거든요.

매일 같은 시간, 하루에 10분씩 가벼운 마음으로 연산 문제를 풀어 보세요. 등교 전이나 하교 후, 저녁 먹은 후에 해도 좋아요. 학교 쉬는 시간에 풀 수 있게 책가방 안에 한 장 쏙 넣어줄 수도 있죠. 중요한 것은 매일, 같은 시간, 같은 양으로 아이만의 공부 루틴을 만드는 것입니다. 메인 학습 전에 워밍업으로 활용하면 짧은 시간 몰입하는 집중력이 강화되어 공부 부스터의 역할을 할 수도 있어요.

아이가 자라고, 점점 공부할 양이 늘어나면 가장 중요한 것이 바로 매일 공부하는 습관을 만드는 일입니다. 어릴 때부터 계획하고 실행하는 습관을 만들면 작은 성취감과 자신감이 쌓이면서 다른 일도 해낼 수 있는 내공이 생겨요.

토독, 한 장씩 가볍게!

한 장과 한 권은 아이가 체감하는 부담이 달라요. 학습량에 대한 부담감이 줄어들면 아이의 공부 습관을 더 쉽게 만들 수 있어요.

2 반복 학습으로 '정확성'부터 '속도'까지 모두 잡아요.

피아노 연주를 배운다고 생각해 보세요. 처음부터 한 곡을 아름답게 연주할 수 있나요? 악보를 읽고, 건반을 하나하나 누르는 게 가능해도 각 음을 박자에 맞춰 정확하고 리듬감 있게 멜로디로 연주하려면 여러 번 반복해서 연습하는 과정이 꼭 필요합니다.

수학도 똑같아요. 개념을 알고 문제를 이해할 수 있어도 계산은 꼭 반복해서 훈련해야 합니다. 수나 식을 계산하는 데 시간이 걸리면 문제를 풀 시간이 모자라게 되고, 어려운 풀이 과정을 다 세워놓고도 마지막 단순 계산에서 실수를 하게 될 수도 있어요. 계산 방법을 몰라서 틀리는 게 아니라 절차 수행이 능숙하지 않아서 오작동을 일으키거나 시간이 오래 걸리는 거랍니다. 꾸준하게 같은 난이도의 문제를 충분히 반복하면 실수가 줄어들고, 점점 빠르게 계산할 수 있어요. 정확성과 속도를 높이는 데 중점을 두고 연산 훈련을 해서 수학의 기초를 튼튼하게 다지세요.

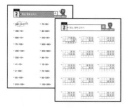

One Day 반복 설계

하루 1장, 2가지 유형
동일 난이도로 5일 반복

×5

3 반복은 아이 성향과 상황에 맞게 조절하세요.

연산 학습에 반복은 꼭 필요하지만, 아이가 지치고 수학을 싫어하게 만들 정도라면 반복하는 루틴을 조절해 보세요. 아이가 충분히 잘 알고 잘하는 주제라면 반복의 양을 줄일 수도 있고, 매일이 너무 바쁘다면 3일은 연산, 2일은 독해로 과목을 다르게 공부할 수도 있어요. 다만 남은 일차는 계산 실수가 잦을 때 다시 풀어보기로 아이와 약속해 두는 것이 좋아요.

아이의 성향과 현재 상황을 잘 살펴서 융통성 있게 반복하는 '내 아이 맞춤 패턴'을 만들어 보세요.

계산법 맞춤 패턴 만들기

1. 단계별로 3일치만 풀기
3일씩만 풀고, 남은 2일치는 시험 대비나 복습용으로 쓰세요.

2. 2단계씩 묶어서 반복하기
1, 2단계를 3일치씩 풀고 다시 1단계로 돌아가 남은 2일치를 풀어요. 교차학습은 지식을 좀더 오래 기억할 수 있도록 하죠.

4 응용 문제를 풀 때 필요한 연산까지 연습하세요.

연산 훈련을 충분히 하더라도 실제로 학교 시험에 나오는 문제를 보면 당황할 수 있어요. 아이들은 문제의 꼴이 조금만 달라져도 지레 겁을 냅니다.

특히 모르는 수를 □로 놓고 식을 세워야 하는 문장제가 학교 시험에 나오면 아이들은 당황하기 시작하죠. 아이 입장에서 기초 연산으로 해결할 수 없는 □ 자체가 낯설고 어떻게 풀어야 할지 고민될 수 있습니다.

이럴 때는 식 4+□=7을 7-4=□로 바꾸는 것에 익숙해지는 연습해 보세요. 학교에서 알려주지 않지만 응용 문제에는 꼭 필요한 □가 있는 식을 훈련하면 연산에서 응용까지 쉽게 연결할 수 있어요. 스스로 세수를 하고 싶지만 세면대가 너무 높은 아이를 위해 작은 계단을 놓아준다고 생각하세요.

초등 방정식 훈련

초등학생 눈높이에 맞는 □가 있는 식
바꾸기 훈련으로 한 권을 마무리하세요.
문장제처럼 다양한 연산 활용 문제를
푸는 밑바탕을 만들 수 있어요.

5 아이 스스로 계획하고, 실천해서 자기공부력을 쑥쑥 키워요.

백 명의 아이들은 제각기 백 가지 색깔을 지니고 있어요. 아이가 승부욕이 있다면 시간 재기를, 계획 세우는 것을 좋아한다면 스스로 약속을 할 수 있게 돕는 것도 좋아요. 아이와 많은 이야기를 나누면서 공부가 잘되는 시간, 환경, 동기 부여 방법 등을 살펴보고 주도적으로 실천할 수 있는 분위기를 만드는 것이 중요합니다.

아이 스스로 계획하고 실천하면 오늘 약속한 것을 모두 끝냈다는 작은 성취감을 가질 수 있어요. 자기 공부에 대한 책임감도 생깁니다. 자신만의 공부 스타일을 찾고, 주도적으로 실천해야 자기공부력을 키울 수 있어요.

나만의 학습 기록표

잘 보이는 곳에 붙여놓고 주도적으로
실천해요. 어제보다, 지난주보다,
지난달보다 나아진 실력을 보면서
뿌듯함을 느껴보세요!

권별 학습 구성

〈기적의 계산법〉은 유아 단계부터 초등 6학년까지로 구성된 연산 프로그램 교재입니다.
권별, 단계별 내용을 한눈에 확인하고,
유아부터 초등까지 〈기적의 계산법〉으로 공부하세요.

유아 5~7세

초1

초2

• 차례 •

61 단계

몇십, 몇백 곱하기

▶ 학습계획 : 매일 공부할 날짜를 정하고, 계획에 맞게 공부하세요.

일차	1일차	2일차	3일차	4일차	5일차
날짜	/	/	/	/	/

▶ 학습연계 : 지금 무엇을 배우는지 확인하고, 이전에 배운 단계와 앞으로 배울 단계를 살펴보세요.

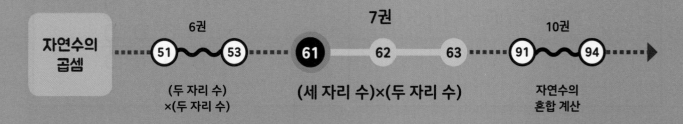

자연수의 곱셈

6권
51 ~ 53
(두 자리 수)
×(두 자리 수)

7권
61 62 63
(세 자리 수)×(두 자리 수)

10권
91 ~ 94
자연수의
혼합 계산

몇십, 몇백 곱하기

0을 떼고 계산한 곱에 곱하는 두 수의 0의 개수만큼 0을 붙여요.

가로셈 0을 뗀 수끼리 곱하고, 그 결과에 곱하는 두 수의 0의 개수만큼 0을 붙여요.

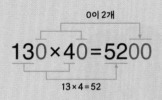

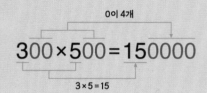

세로셈 두 수의 0의 개수만큼 0을 쓰고, 0을 뗀 수끼리의 곱을 0의 왼쪽에 자리를 맞추어 써요.

	1	5	0
×		3	0
		0	0

➡

	1	5	0
×		3	0
4	5	0	0

	4	0	0
×		7	0
	0	0	0

➡

	4	0	0
×		7	0
2	8	0	0

A

가로셈

$12 \times 7 = 84$

$12 \times 70 = 840$

$120 \times 70 = 8400$

$120 \times 700 = 84000$

B

세로셈

	1	3	0
×		6	0
7	8	0	0

	1	3	0
×		6	0	0
7	8	0	0	0

몇십, 몇백 곱하기

① 900×10=9000

⑪ 60×30=

② 300×10=

⑫ 20×200=

③ 500×10=

⑬ 400×40=

④ 80×100=

⑭ 900×300=

⑤ 600×100=

⑮ 800×700=

⑥ 990×10=

⑯ 33×30=

⑦ 51×10=

⑰ 24×60=

⑧ 4×100=

⑱ 17×900=

⑨ 83×100=

⑲ 67×500=

⑩ 760×100=

⑳ 820×400=

1 Day

몇십, 몇백 곱하기

B

월   일   /15

①
$$\begin{array}{r} 8\ 0\ 0 \\ \times \quad\ \ 1\ 0 \\ \hline 8\ 0\ 0\ 0 \end{array}$$

②
$$\begin{array}{r} 9\ 0 \\ \times \ 1\ 0\ 0 \\ \hline \end{array}$$

③
$$\begin{array}{r} 1\ 0\ 0 \\ \times\ 1\ 0\ 0 \\ \hline \end{array}$$

④
$$\begin{array}{r} 7\ 6 \\ \times\ 1\ 0\ 0 \\ \hline \end{array}$$

⑤
$$\begin{array}{r} 3\ 8\ 0 \\ \times\ 1\ 0\ 0 \\ \hline \end{array}$$

⑥
$$\begin{array}{r} 1\ 0\ 0 \\ \times \quad\ 5\ 0 \\ \hline \end{array}$$

⑦
$$\begin{array}{r} 1\ 0\ 0 \\ \times\ 4\ 0\ 0 \\ \hline \end{array}$$

⑧
$$\begin{array}{r} 5\ 0\ 0 \\ \times \quad\ 2\ 0 \\ \hline \end{array}$$

⑨
$$\begin{array}{r} 2\ 0\ 0 \\ \times \quad\ 8\ 0 \\ \hline \end{array}$$

⑩
$$\begin{array}{r} 4\ 0 \\ \times\ 3\ 0\ 0 \\ \hline \end{array}$$

⑪
$$\begin{array}{r} 4\ 0\ 0 \\ \times\ 4\ 0\ 0 \\ \hline \end{array}$$

⑫
$$\begin{array}{r} 7\ 0\ 0 \\ \times\ 5\ 0\ 0 \\ \hline \end{array}$$

⑬
$$\begin{array}{r} 4\ 8\ 0 \\ \times \quad\ 3\ 0 \\ \hline \end{array}$$

⑭
$$\begin{array}{r} 8\ 5 \\ \times\ 6\ 0\ 0 \\ \hline \end{array}$$

⑮
$$\begin{array}{r} 2\ 7\ 0 \\ \times\ 3\ 0\ 0 \\ \hline \end{array}$$

① 0이 3개
$500 \times 10 = 5000$
5×1

② $400 \times 10 =$

③ $600 \times 10 =$

④ $70 \times 100 =$

⑤ $200 \times 100 =$

⑥ $250 \times 10 =$

⑦ $41 \times 10 =$

⑧ $2 \times 100 =$

⑨ $65 \times 100 =$

⑩ $910 \times 100 =$

⑪ $70 \times 30 =$

⑫ $80 \times 600 =$

⑬ $200 \times 90 =$

⑭ $900 \times 400 =$

⑮ $300 \times 800 =$

⑯ $96 \times 70 =$

⑰ $13 \times 50 =$

⑱ $72 \times 300 =$

⑲ $83 \times 500 =$

⑳ $130 \times 200 =$

①
		7	0	0
×			1	0
	7	0	0	0

②
		6	0
×	1	0	0

③
		5	0	0
×	1	0	0

④
		3	5	0
×			1	0

⑤
		6	4	0
×	1	0	0

⑥
		1	0	0
×		8	0

⑦
		1	0	0
×		9	0	0

⑧
		8	0	0
×			6	0

⑨
		4	0	0
×			9	0

⑩
			8	0
×		5	0	0

⑪
		2	0	0
×		4	0	0

⑫
		6	0	0
×		3	0	0

⑬
		1	2	0
×			4	0

⑭
			9	3
×		6	0	0

⑮
		6	1	0
×		9	0	0

① 30×100=3000

(0이 3개)

(3×1)

② 200×10=

③ 90×100=

④ 40×100=

⑤ 800×100=

⑥ 250×10=

⑦ 37×10=

⑧ 6×100=

⑨ 38×100=

⑩ 720×100=

⑪ 50×30=

⑫ 20×600=

⑬ 300×80=

⑭ 800×600=

⑮ 500×500=

⑯ 62×90=

⑰ 36×40=

⑱ 49×800=

⑲ 21×300=

⑳ 450×700=

①
```
      4 0 0
  ×     1 0
  4 0 0 0
```

②
```
        5 0
  ×   1 0 0
```

③
```
      9 0 0
  ×   1 0 0
```

④
```
        6 9
  ×   1 0 0
```

⑤
```
      4 3 0
  ×   1 0 0
```

⑥
```
      1 0 0
  ×     7 0
```

⑦
```
      2 0 0
  ×   2 0 0
```

⑧
```
      5 0 0
  ×     6 0
```

⑨
```
      8 0 0
  ×     8 0
```

⑩
```
        6 0
  ×   3 0 0
```

⑪
```
      4 0 0
  ×   8 0 0
```

⑫
```
      9 0 0
  ×   2 0 0
```

⑬
```
      5 2 0
  ×     8 0
```

⑭
```
        7 1
  ×   9 0 0
```

⑮
```
      3 8 0
  ×   6 0 0
```

① 0이 3개

60×100=6000

6×1

② 900×10=

③ 30×100=

④ 20×100=

⑤ 600×100=

⑥ 860×10=

⑦ 17×10=

⑧ 9×100=

⑨ 53×100=

⑩ 460×100=

⑪ 80×20=

⑫ 60×400=

⑬ 200×50=

⑭ 900×800=

⑮ 700×700=

⑯ 68×40=

⑰ 95×60=

⑱ 47×500=

⑲ 53×700=

⑳ 620×400=

61단계

4 Day 몇십, 몇백 곱하기

B

월   일   /15

①

```
      2 0 0
  ×     1 0
  2 0 0 0
```

②

```
        8 0
  ×   1 0 0
```

③

```
      7 0 0
  ×   1 0 0
```

④

```
        9 8
  ×   1 0 0
```

⑤

```
      2 9 0
  ×   1 0 0
```

⑥

```
      1 0 0
  ×     4 0
```

⑦

```
      1 0 0
  ×   1 0 0
```

⑧

```
      3 0 0
  ×     5 0
```

⑨

```
      4 0 0
  ×     8 0
```

⑩

```
        3 0
  ×   7 0 0
```

⑪

```
      7 0 0
  ×   6 0 0
```

⑫

```
      5 0 0
  ×   9 0 0
```

⑬

```
      1 4 0
  ×     6 0
```

⑭

```
        6 3
  ×   4 0 0
```

⑮

```
      7 4 0
  ×   3 0 0
```

몇십, 몇백 곱하기

① $400 \times 10 = 4000$

⑪ $70 \times 40 =$

② $700 \times 10 =$

⑫ $80 \times 900 =$

③ $50 \times 100 =$

⑬ $300 \times 60 =$

④ $900 \times 100 =$

⑭ $700 \times 900 =$

⑤ $300 \times 100 =$

⑮ $600 \times 500 =$

⑥ $650 \times 10 =$

⑯ $48 \times 90 =$

⑦ $79 \times 10 =$

⑰ $81 \times 30 =$

⑧ $5 \times 100 =$

⑱ $27 \times 800 =$

⑨ $86 \times 100 =$

⑲ $53 \times 400 =$

⑩ $230 \times 100 =$

⑳ $640 \times 900 =$

5 Day 몇십, 몇백 곱하기

B

월   일   /15

①
```
      6 0 0
  ×     1 0
    6 0 0 0
```

②
```
        2 0
  ×   1 0 0
```

③
```
      5 3 0
  ×     1 0
```

④
```
        9 1
  ×   1 0 0
```

⑤
```
      7 8 0
  ×   1 0 0
```

⑥
```
      1 0 0
  ×     1 0
```

⑦
```
      1 0 0
  ×   8 0 0
```

⑧
```
      5 0 0
  ×     9 0
```

⑨
```
      6 0 0
  ×     7 0
```

⑩
```
        7 0
  ×   7 0 0
```

⑪
```
      3 0 0
  ×   4 0 0
```

⑫
```
      5 0 0
  ×   4 0 0
```

⑬
```
      9 5 0
  ×     2 0
```

⑭
```
        8 6
  ×   9 0 0
```

⑮
```
      7 3 0
  ×   8 0 0
```

(세 자리 수)×(몇십)

▶ 학습계획 : 매일 공부할 날짜를 정하고, 계획에 맞게 공부하세요.

일차	1일차	2일차	3일차	4일차	5일차
날짜	/	/	/	/	/

▶ 학습연계 : 지금 무엇을 배우는지 확인하고, 이전에 배운 단계와 앞으로 배울 단계를 살펴보세요.

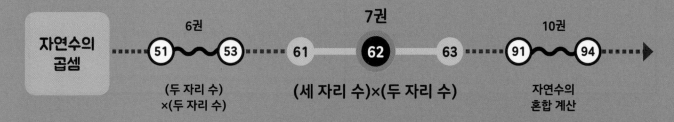

자연수의
곱셈

6권
51 ~ 53
(두 자리 수)
×(두 자리 수)

7권
61 62 63
(세 자리 수)×(두 자리 수)

10권
91 ~ 94
자연수의
혼합 계산

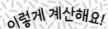

62 (세 자리 수)×(몇십)

(세 자리 수)×(몇)을 계산하고, 0을 오른쪽 끝에 붙여요.

(세 자리 수)×(몇십)은 (세 자리 수)×(몇)의 10배를 뜻해요.
따라서 (세 자리 수)×(몇)을 계산하고, 그 곱에 0을 하나 붙여 주는 것과 같답니다.

세로셈

```
      3 2 6            3 2 6
   ×      4         ×     4 0
   1 3 0 4         1 3 0 4 0
```

0을 먼저 쓰고 0의 왼쪽으로
326×4의 곱을 써요.

가로셈 274×60=274×6×10

= 16440

(세 자리 수)×(몇십)은 63단계에서 배울 (세 자리 수)×(두 자리 수)를 계산하기 전에
미리 연습해 두어야 할 내용입니다.
어떤 수에 몇십을 곱할 때 곱을 쓰는 위치가 어떻게 되는지 아는 게 핵심이랍니다.

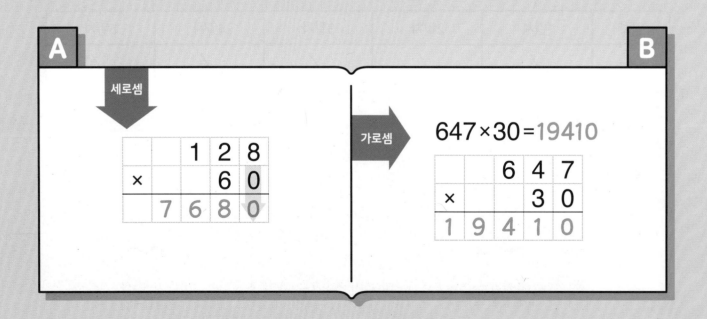

A

세로셈

```
      1 2 8
   ×     6 0
   7 6 8 0
```

B

가로셈 647×30=19410

```
      6 4 7
   ×    3 0
  1 9 4 1 0
```

62단계

1 Day ▷ (세 자리 수)×(몇십)

A

월 일 /15

①
```
      5 2 2
×       6 0
[3 1 3 2]0
```
522×6

②
```
    3 0 6
×     4 0
```

③
```
    2 7 4
×     3 0
```

④
```
    6 5 4
×     5 0
```

⑤
```
    3 4 6
×     2 0
```

⑥
```
    2 4 8
×     6 0
```

⑦
```
    7 4 4
×     8 0
```

⑧
```
    5 3 2
×     4 0
```

⑨
```
    6 0 4
×     2 0
```

⑩
```
    7 4 2
×     6 0
```

⑪
```
    8 3 6
×     7 0
```

⑫
```
    9 2 3
×     9 0
```

⑬
```
    4 1 7
×     4 0
```

⑭
```
    2 3 4
×     6 0
```

⑮
```
    5 6 8
×     5 0
```

62단계 23

62단계

1 Day

(세 자리 수)×(몇십)

B

월 일 /12

① 624×60=

		6	2	4
×			6	0
				0

⑤ 586×40=

⑨ 605×40=

② 372×40=

⑥ 544×60=

⑩ 938×30=

③ 834×70=

⑦ 406×50=

⑪ 329×60=

④ 207×50=

⑧ 563×80=

⑫ 427×70=

①
```
      2 4 6
  ×     5 0
  1 2 3 0 0
```
↑
246×5

⑥
```
      5 3 2
  ×     5 0
```

⑪
```
      6 3 3
  ×     2 0
```

②
```
      4 7 8
  ×     5 0
```

⑦
```
      6 7 9
  ×     4 0
```

⑫
```
      5 2 3
  ×     6 0
```

③
```
      3 5 9
  ×     2 0
```

⑧
```
      9 0 7
  ×     7 0
```

⑬
```
      7 1 6
  ×     5 0
```

④
```
      8 3 6
  ×     3 0
```

⑨
```
      3 1 6
  ×     8 0
```

⑭
```
      8 6 2
  ×     9 0
```

⑤
```
      6 9 4
  ×     6 0
```

⑩
```
      4 5 2
  ×     4 0
```

⑮
```
      9 6 3
  ×     7 0
```

2 Day (세 자리 수)×(몇십)

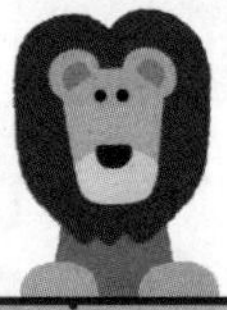

B

월 일 /12

① 264×20=

		2	6	4
×			2	0
				0

⑤ 604×70=

⑨ 721×30=

② 738×40=

⑥ 623×50=

⑩ 965×80=

③ 482×60=

⑦ 534×30=

⑪ 297×40=

④ 672×90=

⑧ 803×60=

⑫ 535×50=

①
```
      3 7 5
  ×     3 0
  1 1 2 5 0
```
↑
375×3

⑥
```
      5 7 4
  ×     3 0
```

⑪
```
      8 2 1
  ×     8 0
```

②
```
      2 6 6
  ×     5 0
```

⑦
```
      9 3 1
  ×     6 0
```

⑫
```
      6 2 8
  ×     2 0
```

③
```
      6 3 7
  ×     4 0
```

⑧
```
      3 2 7
  ×     5 0
```

⑬
```
      8 4 5
  ×     6 0
```

④
```
      5 5 4
  ×     3 0
```

⑨
```
      7 2 3
  ×     4 0
```

⑭
```
      3 0 9
  ×     5 0
```

⑤
```
      2 1 8
  ×     9 0
```

⑩
```
      9 2 2
  ×     7 0
```

⑮
```
      5 1 3
  ×     7 0
```

62단계

3 Day
(세 자리 수)×(몇십)

B

월   일   /12

① 387×50 =

```
      3 8 7
  ×     5 0
          0
```

② 843×40 =

③ 263×60 =

④ 493×30 =

⑤ 732×90 =

⑥ 367×20 =

⑦ 634×30 =

⑧ 409×80 =

⑨ 545×20 =

⑩ 574×70 =

⑪ 917×40 =

⑫ 737×90 =

28 기적의 계산법 7권

①
```
      6 1 8
  ×     3 0
  1 8 5 4 0
```
↑
618×3

⑥
```
      9 4 4
  ×     4 0
```

⑪
```
      4 6 1
  ×     4 0
```

②
```
      5 6 3
  ×     6 0
```

⑦
```
      5 8 8
  ×     8 0
```

⑫
```
      6 7 5
  ×     7 0
```

③
```
      2 7 4
  ×     2 0
```

⑧
```
      3 6 9
  ×     7 0
```

⑬
```
      8 1 7
  ×     9 0
```

④
```
      2 6 9
  ×     5 0
```

⑨
```
      6 7 9
  ×     9 0
```

⑭
```
      7 0 8
  ×     6 0
```

⑤
```
      6 2 7
  ×     2 0
```

⑩
```
      9 6 5
  ×     5 0
```

⑮
```
      3 5 5
  ×     7 0
```

① 379×50=

		3	7	9
×			5	0
				0

⑤ 864×30=

⑨ 725×60=

② 548×70=

⑥ 807×80=

⑩ 678×90=

③ 765×20=

⑦ 286×60=

⑪ 575×40=

④ 974×70=

⑧ 489×50=

⑫ 692×90=

①
```
      7 8 5
  ×     4 0
 [3 1 4 0] 0
```
↑
785×4

②
```
    3 7 5
×     7 0
```

③
```
    5 2 4
×     2 0
```

④
```
    9 5 5
×     7 0
```

⑤
```
    4 8 5
×     8 0
```

⑥
```
    3 6 5
×     9 0
```

⑦
```
    5 9 7
×     7 0
```

⑧
```
    5 2 1
×     6 0
```

⑨
```
    6 9 6
×     5 0
```

⑩
```
    4 3 4
×     3 0
```

⑪
```
    1 8 9
×     8 0
```

⑫
```
    6 7 7
×     5 0
```

⑬
```
    7 3 3
×     2 0
```

⑭
```
    2 0 7
×     6 0
```

⑮
```
    8 3 6
×     6 0
```

5 Day (세 자리 수)×(몇십) B

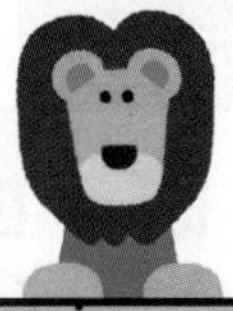

월 일 /12

① 385×90=

		3	8	5
×			9	0
				0

⑤ 725×50=

⑨ 487×30=

② 537×70=

⑥ 469×20=

⑩ 818×50=

③ 783×40=

⑦ 597×20=

⑪ 682×80=

④ 619×80=

⑧ 934×30=

⑫ 278×60=

63
단계

(세 자리 수)
×(두 자리 수)

▶ 학습계획 : 매일 공부할 날짜를 정하고, 계획에 맞게 공부하세요.

일차	1일차	2일차	3일차	4일차	5일차
날짜	/	/	/	/	/

▶ 학습연계 : 지금 무엇을 배우는지 확인하고, 이전에 배운 단계와 앞으로 배울 단계를 살펴보세요.

자연수의
곱셈

6권
51 —— 53

7권
61   62   63

10권
91 —— 94

(두 자리 수)
×(두 자리 수)

(세 자리 수)×(두 자리 수)

자연수의
혼합 계산

이렇게 계산해요!

63 (세 자리 수)×(두 자리 수)

곱하는 두 자리 수를 '몇'과 '몇십'으로 나누어 생각해요.

6권 52~53단계에서 (두 자리 수)×(두 자리 수)를 계산할 때 곱하는 두 자리 수를
'몇'과 '몇십'으로 나누어 각각 곱한 다음 두 곱을 더했어요.
(세 자리 수)×(두 자리 수)의 계산도 똑같아요.
곱하는 두 자리 수를 '몇'과 '몇십'으로 나누어 계산하세요.

$$\begin{array}{r} 9\ 1\ 8 \\ \times\quad 3\ 4 \end{array}$$ 4+30

❶ (세 자리 수)×(몇)

		9	1	8
×			3	4
	3	6	7	2

918×4=3672

❷ (세 자리 수)×(몇십)

		9	1	8
×			3	4
	3	6	7	2
2	7	5	4	(0)

918×30=27540

❸ 두 곱을 더하기

		9	1	8
×			3	4
	3	6	7	2
2	7	5	4	
3	1	2	1	2

3672+27540=31212

918×30의 곱 27540을 쓸 때
일의 자리에 0을 생략할 수 있어요.

A 세로셈

		5	3	7
×			5	8
	4	2	9	6
2	6	8	5	
3	1	1	4	6

B 가로셈

176×82=14432

		1	7	6
×			8	2
		3	5	2
1	4	0	8	
1	4	4	3	2

1 Day

(세 자리 수)×(두 자리 수)

A

월 　 일 ┊ /12

①
만	천	백	십	일
		4	8	1
×			7	5
	2	4	0	5
3	3	6	7	
3	6	0	7	5

481 × 5
481 × 70

⑤
만	천	백	십	일
		3	9	4
×			9	5

⑨
만	천	백	십	일
		4	2	5
×			9	7

②
		2	4	3
×			7	3

⑥
		6	1	8
×			8	6

⑩
		7	2	9
×			5	9

③
		2	2	4
×			2	7

⑦
		9	6	2
×			6	9

⑪
		3	6	9
×			8	7

④
		1	3	9
×			5	6

⑧
		6	9	3
×			4	7

⑫
		7	1	7
×			4	9

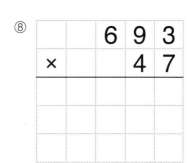

① 516×47=

		5	1	6
×			4	7

④ 542×43=

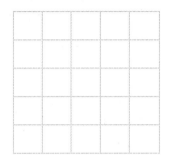

⑦ 423×97=

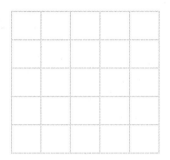

② 431×84=

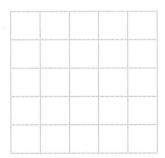

⑤ 836×75=

⑧ 735×58=

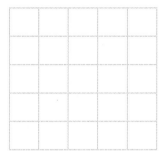

③ 848×91=

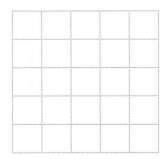

⑥ 322×64=

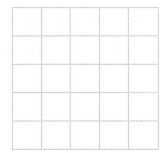

⑨ 284×79=

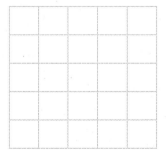

(세 자리 수)×(두 자리 수)

	만	천	백	십	일
①			7	7	3
×				9	3
		2	3	1	9
	6	9	5	7	
	7	1	8	8	9

773 × 3
773 × 90

	만	천	백	십	일
⑤			4	4	2
×				6	8

	만	천	백	십	일
⑨			2	4	2
×				4	7

②		5	7	3
×			8	5

⑥		7	8	4
×			7	2

⑩		5	6	3
×			3	6

③		7	3	6
×			7	4

⑦		2	6	5
×			9	6

⑪		8	2	4
×			7	8

④		8	4	0
×			6	2

⑧		7	6	7
×			7	9

⑫		4	3	6
×			2	8

① 218×42=

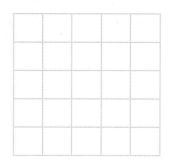

④ 469×74=

⑦ 362×89=

② 922×55=

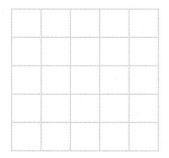

⑤ 768×68=

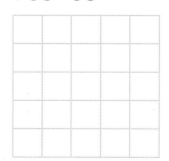

⑧ 694×49=

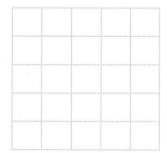

③ 551×15=

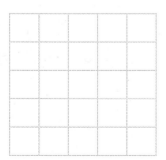

⑥ 287×83=

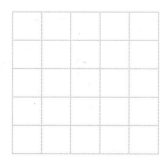

⑨ 924×47=

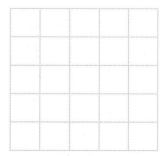

3 Day

(세 자리 수)×(두 자리 수)

월   일   /12

①
만	천	백	십	일
		9	7	2
×			3	7
	6	8	0	4
2	9	1	6	
3	5	9	6	4

972 × 7
972 × 30

⑤
만	천	백	십	일
		2	3	9
×			5	4

⑨
만	천	백	십	일
		3	8	7
×			2	9

②
		3	7	5
×			7	3

⑥
		5	7	6
×			6	6

⑩
		6	6	8
×			7	8

③
		1	8	3
×			8	4

⑦
		8	2	9
×			2	3

⑪
		9	4	5
×			5	4

④
		8	0	3
×			3	5

⑧
		3	7	8
×			7	5

⑫
		5	8	7
×			4	8

① 624×83=

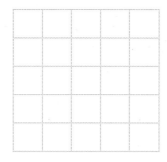

④ 542×78=

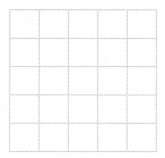

⑦ 673×48=

② 473×67=

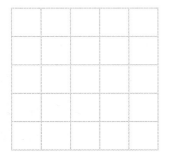

⑤ 847×43=

⑧ 968×75=

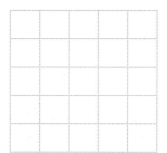

③ 764×54=

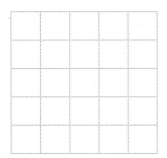

⑥ 529×53=

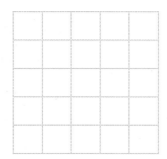

⑨ 827×26=

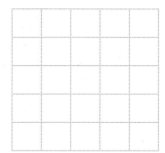

63단계

4 Day

(세 자리 수)×(두 자리 수)

A

월   일   /12

①
만	천	백	십	일
		8	7	1
×			3	9
	7	8	3	9
2	6	1	3	
3	3	9	6	9

871×9
871×30

②
만	천	백	십	일
		7	6	5
×			4	6

③
만	천	백	십	일
		4	3	0
×			2	8

④
만	천	백	십	일
		7	8	3
×			3	4

⑤
만	천	백	십	일
		3	7	8
×			5	9

⑥
만	천	백	십	일
		6	4	9
×			8	2

⑦
만	천	백	십	일
		9	4	2
×			4	2

⑧
만	천	백	십	일
		8	3	4
×			8	9

⑨
만	천	백	십	일
		4	8	6
×			8	4

⑩
만	천	백	십	일
		7	3	8
×			9	5

⑪
만	천	백	십	일
		4	5	9
×			6	8

⑫
만	천	백	십	일
		9	5	2
×			9	7

4 Day

(세 자리 수)×(두 자리 수)

B

월 일 /9

① 105×63=

```
      1 0 5
  ×     6 3
```

④ 769×25=

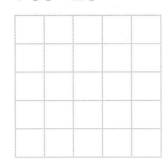

⑦ 234×48=

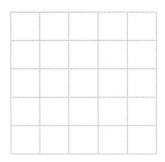

② 623×47=

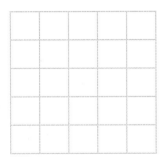

⑤ 474×69=

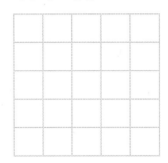

⑧ 547×79=

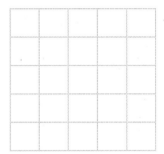

③ 863×54=

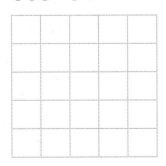

⑥ 938×76=

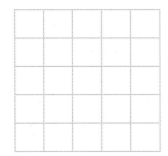

⑨ 852×36=

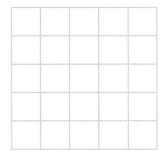

5 Day

(세 자리 수)×(두 자리 수)

A

월   일   /12

①
만	천	백	십	일
		3	9	1
×			6	1
		3	9	1
2	3	4	6	
2	3	8	5	1

391 × 1
391 × 60

⑤
만	천	백	십	일
		2	7	3
×			8	5

⑨
만	천	백	십	일
		4	4	8
×			6	8

②
		5	7	4
×			4	9

⑥
		5	4	9
×			4	7

⑩
		7	7	2
×			3	9

③
		2	6	7
×			8	6

⑦
		8	8	4
×			7	3

⑪
		4	6	3
×			2	6

④
		7	1	8
×			5	5

⑧
		5	7	9
×			5	3

⑫
		9	2	4
×			2	3

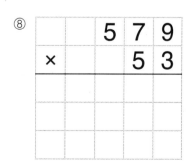

63단계

5 Day

(세 자리 수)×(두 자리 수)

B

월   일   /9

① 706×63 =

```
        7 0 6
    ×     6 3
```

④ 364×75 =

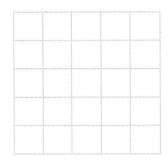

⑦ 567×75 =

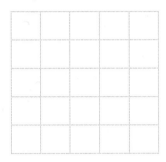

② 941×19 =

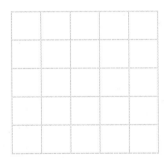

⑤ 628×96 =

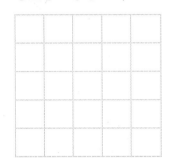

⑧ 873×48 =

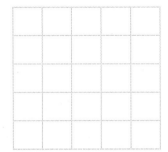

③ 463×47 =

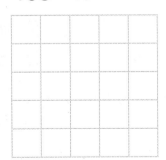

⑥ 938×43 =

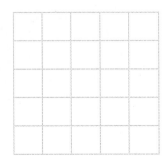

⑨ 583×69 =

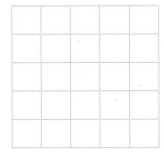

64 단계 몇십으로 나누기

▶ 학습계획 : 매일 공부할 날짜를 정하고, 계획에 맞게 공부하세요.

일차	1일차	2일차	3일차	4일차	5일차
날짜	/	/	/	/	/

▶ 학습연계 : 지금 무엇을 배우는지 확인하고, 이전에 배운 단계와 앞으로 배울 단계를 살펴보세요.

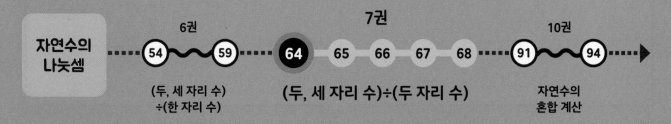

자연수의 나눗셈

6권
54 ~ 59
(두, 세 자리 수)
÷(한 자리 수)

7권
64
(두, 세 자리 수)÷(두 자리 수)
65 66 67 68

10권
91 ~ 94
자연수의
혼합 계산

64 몇십으로 나누기

나누는 수가 몇십일 때에는 구구단을 이용하여 몫을 구할 수 있어요.

나누는 수가 30이면 3단을 이용하여 몫을 찾을 수 있습니다.
3단에서 찾은 곱에 0만 하나 붙여 주면 두 자리 수 또는 세 자리 수가 되고, 이 수와 나누어지는 수를 비교하여 몫을 구하면 됩니다.

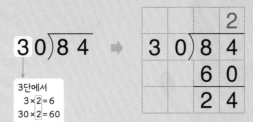

3단에서
$3 \times 2 = 6$
$30 \times 2 = 60$

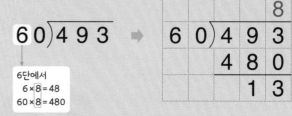

6단에서
$6 \times 8 = 48$
$60 \times 8 = 480$

주의 몫이 한 자리 수일 때 몫의 위치를 반드시 나누어지는 수의 일의 자리 위에 써야 합니다.

700을 나타내요.

70을 나타내요.

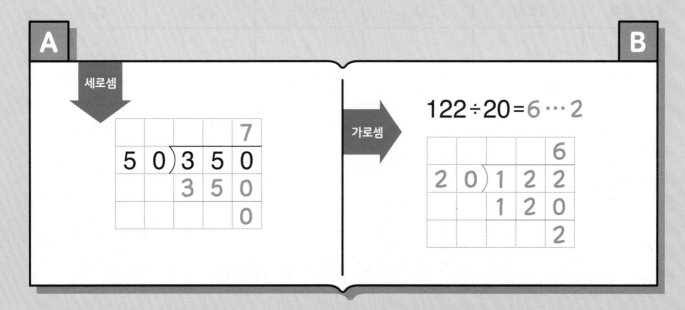

세로셈

가로셈

$$122 \div 20 = 6 \cdots 2$$

① 50×3=150, 50×4=200이므로 몫을 3으로 정해요.

```
          3
5 0 ) 1 8 0
      1 5 0
        3 0
```

⑥
```
3 0 ) 2 4 6
```

⑪
```
4 0 ) 3 1 0
```

②
```
6 0 ) 3 6 0
```

⑦
```
9 0 ) 8 1 0
```

⑫
```
8 0 ) 2 1 4
```

③
```
5 0 ) 3 7 0
```

⑧
```
7 0 ) 3 5 0
```

⑬
```
9 0 ) 8 7 0
```

④
```
4 0 ) 2 0 4
```

⑨
```
6 0 ) 4 4 6
```

⑭
```
3 0 ) 9 5
```

⑤
```
8 0 ) 4 8 0
```

⑩
```
2 0 ) 5 3
```

⑮
```
9 0 ) 2 4 5
```

64단계

1 Day

몇십으로 나누기

B

월 일 /12

① 450÷50=

5	0	4	5	0

⑤ 210÷30=

⑨ 625÷70=

② 80÷40=

⑥ 439÷90=

⑩ 615÷80=

③ 200÷60=

⑦ 275÷50=

⑪ 703÷90=

④ 520÷80=

⑧ 60÷20=

⑫ 522÷70=

2 Day ▷ 몇십으로 나누기

월   일   /15

① 50×5 = 250이므로
몫을 5로 정해요.

```
            5
  5 0 ) 2 5 0
        2 5 0
            0
```

②
```
  4 0 ) 4 8
```

③
```
  8 0 ) 5 8 5
```

④
```
  3 0 ) 1 8 0
```

⑤
```
  9 0 ) 2 7 0
```

⑥
```
  6 0 ) 2 5 6
```

⑦
```
  7 0 ) 2 8 0
```

⑧
```
  2 0 ) 1 3 0
```

⑨
```
  4 0 ) 3 6 0
```

⑩
```
  3 0 ) 8 0
```

⑪
```
  9 0 ) 7 2 9
```

⑫
```
  6 0 ) 1 2 0
```

⑬
```
  5 0 ) 4 2 8
```

⑭
```
  7 0 ) 6 5 1
```

⑮
```
  8 0 ) 8 0
```

2 Day ▷ 몇십으로 나누기

① 200÷70=

```
      7 0 ) 2 0 0
```

② 268÷30=

③ 300÷50=

④ 394÷70=

⑤ 500÷70=

⑥ 120÷40=

⑦ 180÷90=

⑧ 660÷80=

⑨ 510÷60=

⑩ 335÷70=

⑪ 106÷40=

⑫ 205÷30=

3 Day 몇십으로 나누기

① 40×3=120, 40×4=160이므로 묶을 3으로 정해요.

```
          3
4 0 ) 1 4 4
      1 2 0
          2 4
```

⑥
```
7 0 ) 4 2 0
```

⑪
```
4 0 ) 3 0 0
```

②
```
2 0 ) 2 0
```

⑦
```
3 0 ) 1 5 3
```

⑫
```
8 0 ) 5 0 8
```

③
```
6 0 ) 9 0
```

⑧
```
9 0 ) 4 5 0
```

⑬
```
7 0 ) 6 2 8
```

④
```
8 0 ) 2 4 0
```

⑨
```
2 0 ) 1 5 3
```

⑭
```
3 0 ) 1 1 1
```

⑤
```
5 0 ) 4 2 0
```

⑩
```
6 0 ) 5 4 0
```

⑮
```
9 0 ) 4 2 7
```

64단계

3 Day

몇십으로 나누기

B

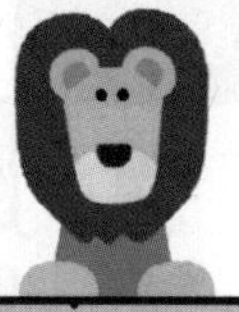

월 일 /12

① $80 \div 20 =$

$$20\overline{)80}$$

⑤ $687 \div 70 =$

⑨ $236 \div 60 =$

② $360 \div 80 =$

⑥ $630 \div 90 =$

⑩ $526 \div 60 =$

③ $195 \div 50 =$

⑦ $264 \div 40 =$

⑪ $110 \div 70 =$

④ $124 \div 20 =$

⑧ $66 \div 30 =$

⑫ $702 \div 80 =$

4 Day ▶ 몇십으로 나누기

A

① 70×8=560이므로
몫을 8로 정해요.

```
        8
70)5 6 0
   5 6 0
        0
```

⑥
```
30)2 7 0
```

⑪
```
80)7 1 2
```

②
```
20)7 0
```

⑦
```
40)1 0 0
```

⑫
```
90)3 5 7
```

③
```
50)8 0
```

⑧
```
70)2 6 7
```

⑬
```
30)2 0 2
```

④
```
60)4 8 0
```

⑨
```
20)1 6 0
```

⑭
```
90)2 3 5
```

⑤
```
80)7 6 0
```

⑩
```
60)3 0 6
```

⑮
```
40)3 1 7
```

4 Day > 몇십으로 나누기

① 180÷60=

```
6 0 ) 1 8 0
```

② 90÷90=

③ 384÷40=

④ 400÷50=

⑤ 140÷20=

⑥ 150÷30=

⑦ 120÷90=

⑧ 160÷80=

⑨ 318÷90=

⑩ 339÷70=

⑪ 232÷30=

⑫ 536÷70=

① 80×8=640이므로
몫을 8로 정해요.

```
        8
80)6 4 0
   6 4 0
        0
```

⑥
```
60)1 9 6
```

⑪
```
70)5 2 5
```

②
```
30)4 5
```

⑦
```
20)9 0
```

⑫
```
60)5 1 2
```

③
```
20)1 1 5
```

⑧
```
40)2 2 0
```

⑬
```
80)7 5 2
```

④
```
50)1 5 0
```

⑨
```
90)6 8 5
```

⑭
```
40)1 0 8
```

⑤
```
90)5 4 0
```

⑩
```
30)1 6 8
```

⑮
```
70)1 2 0
```

5 Day 몇십으로 나누기 B

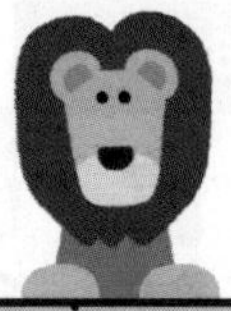

월 일 /12

① 210÷70=

```
    7 0 ) 2 1 0
```

② 348÷40=

③ 420÷60=

④ 140÷30=

⑤ 145÷50=

⑥ 720÷90=

⑦ 199÷20=

⑧ 280÷80=

⑨ 209÷30=

⑩ 410÷50=

⑪ 318÷80=

⑫ 626÷90=

(세 자리 수)
÷(몇십)

▶ 학습계획 : 매일 공부할 날짜를 정하고, 계획에 맞게 공부하세요.

일차	1일차	2일차	3일차	4일차	5일차
날짜	/	/	/	/	/

▶ 학습연계 : 지금 무엇을 배우는지 확인하고, 이전에 배운 단계와 앞으로 배울 단계를 살펴보세요.

자연수의
나눗셈

6권

54 ～ 59

(두, 세 자리 수)
÷(한 자리 수)

7권

64 **65** 66 67 68

(두, 세 자리 수)÷(두 자리 수)

10권

91 ～ 94

자연수의
혼합 계산

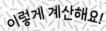

65 (세 자리 수)÷(몇십)

두 자리 수로 나눌 때에는 나누어지는 수의 앞의 두 자리 수를 먼저 생각해요.

나누어지는 수에서 앞의 두 자리 수가 나누는 수와 같거나 나누는 수보다 크면 몫은 두 자리 수가 됩니다.

```
20)742
  20<74
```

→

```
2 0)7 4 2
  앞의 두 자리 수를
  먼저 나누어요.
```

→

```
      3
2 0)7 4 2
  6 0
  1 4
```

→

```
      3 7
2 0)7 4 2
  6 0
  1 4 2
  1 4 0
      2
```

참고 나누는 수에 10을 곱한 수가 나누어지는 수보다 작으면 몫은 두 자리 수이고,
나누는 수에 10을 곱한 수가 나누어지는 수보다 크면 몫은 한 자리 수예요.
645÷20 → 20×10=200, 200<645 → 몫은 두 자리 수
237÷50 → 50×10=500, 500>237 → 몫은 한 자리 수

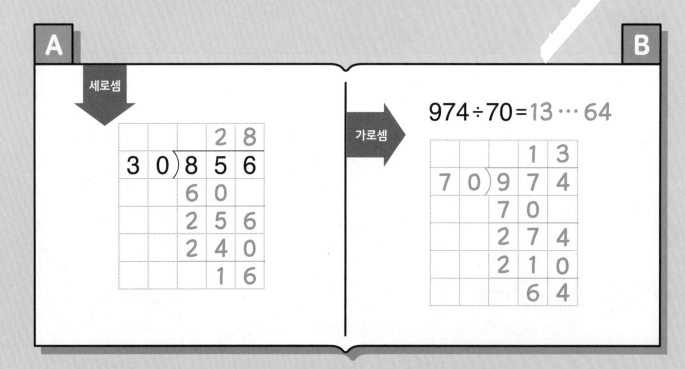

A

세로셈

```
      2 8
3 0)8 5 6
  6 0
  2 5 6
  2 4 0
    1 6
```

가로셈

B

974÷70=13 … 64

```
      1 3
7 0)9 7 4
  7 0
  2 7 4
  2 1 0
    6 4
```

①
```
          3 5
  2 0 ) 7 0 8
        6 0
        1 0 8
        1 0 0
            8
```

④
```
  8 0 ) 8 7 6
```

⑦
```
  5 0 ) 9 5 4
```

②
```
  6 0 ) 8 1 5
```

⑤
```
  3 0 ) 9 4 7
```

⑧
```
  4 0 ) 8 8 4
```

③
```
  4 0 ) 7 6 8
```

⑥
```
  5 0 ) 8 7 5
```

⑨
```
  7 0 ) 9 6 9
```

① 623÷40=

```
     ┌─────────
4 0 )6 2 3
```

② 680÷30=

③ 996÷60=

④ 745÷30=

⑤ 458÷20=

⑥ 862÷80=

⑦ 913÷70=

⑧ 972÷90=

⑨ 680÷50=

(세 자리 수)÷(몇십)

①
```
        2 7
   ┌─────────
3 0)8 1 3
     6 0
     ─────
     2 1 3
     2 1 0
     ─────
         3
```

②
```
7 0)7 2 8
```

③
```
8 0)9 7 2
```

④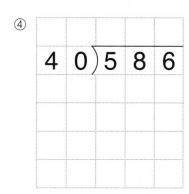
```
4 0)5 8 6
```

⑤
```
2 0)9 6 2
```

⑥
```
4 0)6 8 5
```

⑦
```
9 0)9 4 8
```

⑧
```
5 0)8 5 3
```

⑨
```
6 0)7 8 9
```

2
Day

(세 자리 수)÷(몇십)

① 753÷20=

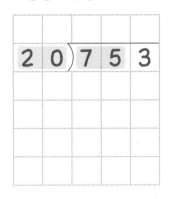

```
      ┌─────────
2  0 ) 7  5  3
```

④ 820÷40=

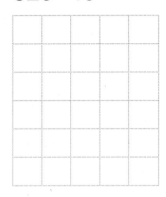

⑦ 882÷60=

② 946÷70=

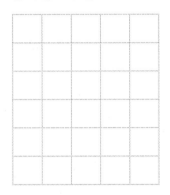

⑤ 955÷90=

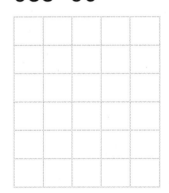

⑧ 703÷30=

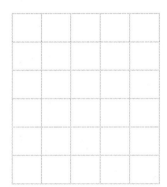

③ 416÷20=

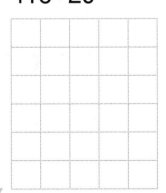

⑥ 895÷50=

⑨ 940÷80=

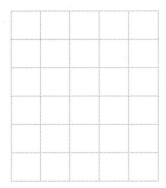

3 Day

(세 자리 수)÷(몇십)

A

월 일 /9

①
```
        2 1
4 0 ) 8 4 2
      8 0
        4 2
        4 0
           2
```

④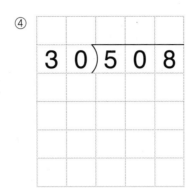
```
3 0 ) 5 0 8
```

⑦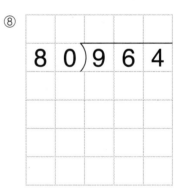
```
7 0 ) 8 7 7
```

②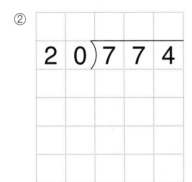
```
2 0 ) 7 7 4
```

⑤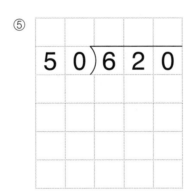
```
5 0 ) 6 2 0
```

⑧
```
8 0 ) 9 6 4
```

③
```
6 0 ) 8 5 7
```

⑥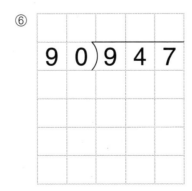
```
9 0 ) 9 4 7
```

⑨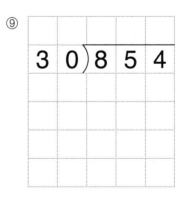
```
3 0 ) 8 5 4
```

3 Day (세 자리 수)÷(몇십)

B

월 일 /9

① 506÷50＝

5 0) 5 0 6

④ 897÷80＝

⑦ 579÷30＝

② 786÷40＝

⑤ 895÷70＝

⑧ 643÷20＝

③ 345÷20＝

⑥ 944÷90＝

⑨ 780÷60＝

①
```
          1 1
  8 0 ) 9 2 8
        8 0
        1 2 8
          8 0
          4 8
```

④
```
  3 0 ) 8 7 6
```

⑦
```
  7 0 ) 9 5 4
```

②
```
  3 0 ) 8 1 5
```

⑤
```
  5 0 ) 9 4 7
```

⑧
```
  9 0 ) 9 9 4
```

③
```
  6 0 ) 7 6 8
```

⑥
```
  4 0 ) 8 6 1
```

⑨
```
  2 0 ) 9 6 9
```

① 623÷60=

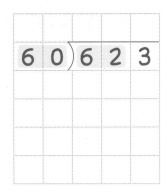

④ 745÷40=

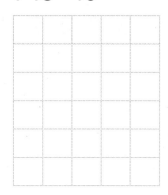

⑦ 933÷70=

② 980÷90=

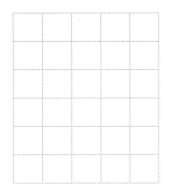

⑤ 858÷70=

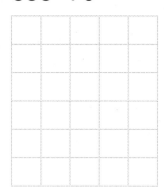

⑧ 972÷20=

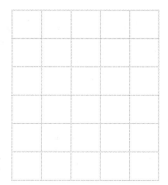

③ 996÷30=

⑥ 824÷80=

⑨ 775÷50=

①
```
        2 5
  3 0 ) 7 6 3
        6 0
        1 6 3
        1 5 0
          1 3
```

②
```
  7 0 ) 8 8 6
```

③
```
  8 0 ) 8 9 4
```

④
```
  9 0 ) 9 9 2
```

⑤
```
  2 0 ) 9 6 0
```

⑥
```
  5 0 ) 9 7 0
```

⑦
```
  4 0 ) 7 8 3
```

⑧
```
  6 0 ) 8 9 2
```

⑨
```
  4 0 ) 6 7 9
```

① 710÷40=

④ 916÷80=

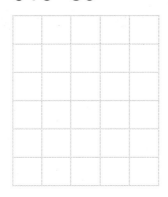

⑦ 963÷60=

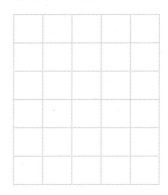

② 887÷70=

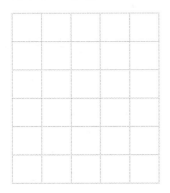

⑤ 523÷30=

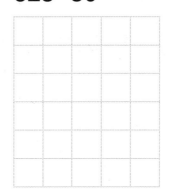

⑧ 935÷90=

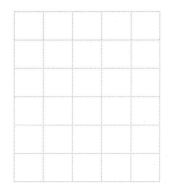

③ 847÷20=

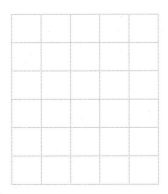

⑥ 778÷50=

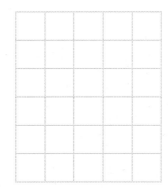

⑨ 785÷30=

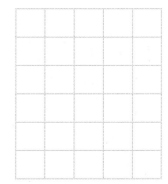

(두 자리 수)
÷(두 자리 수)

▶ 학습계획 : 매일 공부할 날짜를 정하고, 계획에 맞게 공부하세요.

일차	1일차	2일차	3일차	4일차	5일차
날짜	/	/	/	/	/

▶ 학습연계 : 지금 무엇을 배우는지 확인하고, 이전에 배운 단계와 앞으로 배울 단계를 살펴보세요.

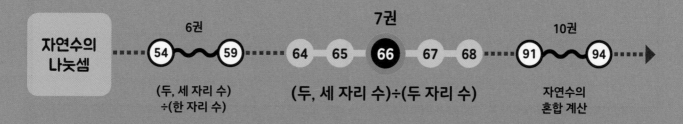

자연수의 나눗셈

6권
54 ~ 59
(두, 세 자리 수)
÷(한 자리 수)

7권
64 65 **66** 67 68
(두, 세 자리 수)÷(두 자리 수)

10권
91 ~ 94
자연수의
혼합 계산

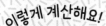

66 (두 자리 수)÷(두 자리 수)

나누는 수를 몇십으로 어림하면 몫을 쉽게 예상할 수 있어요.

❶ 92÷16에서 나누는 수를 20으로 어림하면 20×4=80, 20×5=100이므로 몫을 4 또는 5로 예상하여 계산해 봅니다.

[몫을 4로 예상하기]

몫을 1 크게 다시 예상해요.

[몫을 5로 예상하기]

```
          4                        5
  1 6 ) 9 2              1 6 ) 9 2
        6 4                      8 0
        2 8                      1 2
```

16<28 나머지가 더 커요.

❷ 65÷23에서 나누는 수를 20으로 어림하면 20×3=60이므로 몫을 3으로 예상하여 계산해 봅니다.

[몫을 3으로 예상하기]

몫을 1 작게 다시 예상해요.

[몫을 2로 예상하기]

```
          3                        2
  2 3 ) 6 5              2 3 ) 6 5
        6 9                      4 6
                                 1 9
```

65에서 69를 뺄 수 없어요.

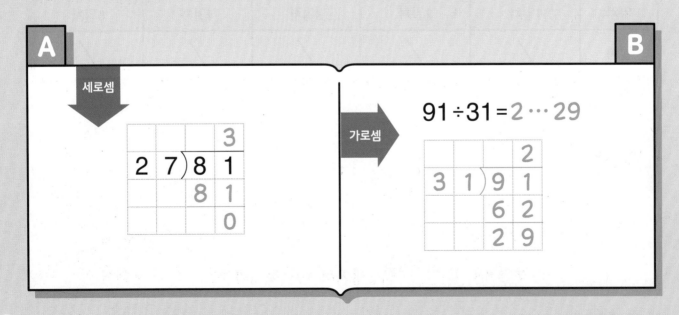

A 세로셈

```
          3
  2 7 ) 8 1
        8 1
          0
```

B 가로셈

$91 \div 31 = 2 \cdots 29$

```
          2
  3 1 ) 9 1
        6 2
        2 9
```

30 × 2 = 60, 30 × 3 = 90
몫을 2 또는 3으로 예상해 봐요.

①
```
        2
  2 7 ) 7 8
30으로 어림  5 4
        2 4
```

②
```
  1 4 ) 2 8
```

③
```
  3 1 ) 8 2
```

④
```
  1 6 ) 7 0
```

⑤
```
  5 9 ) 8 9
```

⑥
```
  2 5 ) 5 0
```

⑦
```
  1 5 ) 9 0
```

⑧
```
  2 3 ) 9 9
```

⑨
```
  1 7 ) 8 7
```

⑩
```
  3 4 ) 7 8
```

⑪
```
  4 1 ) 9 8
```

⑫
```
  1 9 ) 8 4
```

⑬
```
  2 8 ) 9 1
```

⑭
```
  7 5 ) 8 8
```

⑮
```
  1 8 ) 8 1
```

1 Day > (두 자리 수)÷(두 자리 수)

① 66÷21 =

20으로
어림해요.

⑤ 88÷42 =

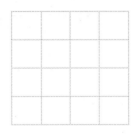

⑨ 81÷13 =

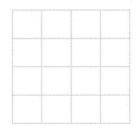

② 34÷17 =

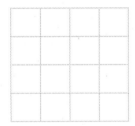

⑥ 98÷14 =

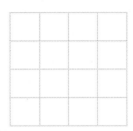

⑩ 63÷22 =

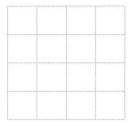

③ 36÷12 =

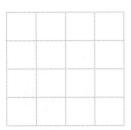

⑦ 76÷19 =

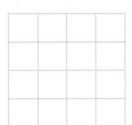

⑪ 75÷23 =

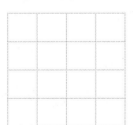

④ 58÷11 =

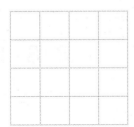

⑧ 90÷25 =

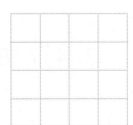

⑫ 99÷39 =

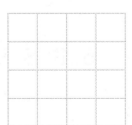

2 Day (두 자리 수)÷(두 자리 수) A

월 일 /15

20×4=80이므로
몫을 4로 예상해 봐요.

①
```
        4
2 1 ) 8 4
20으로 어림  8 4
        0
```

②
```
1 3 ) 7 9
```

③
```
1 2 ) 9 6
```

④
```
3 3 ) 8 0
```

⑤
```
2 6 ) 7 7
```

⑥
```
5 2 ) 9 4
```

⑦
```
2 4 ) 9 6
```

⑧
```
1 4 ) 9 9
```

⑨
```
1 6 ) 8 5
```

⑩
```
1 9 ) 7 0
```

⑪
```
3 2 ) 4 6
```

⑫
```
1 1 ) 8 0
```

⑬
```
4 1 ) 9 1
```

⑭
```
2 5 ) 9 2
```

⑮
```
2 3 ) 8 4
```

① 70÷12=

10으로
어림해요.

② 84÷42=

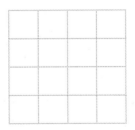

③ 57÷13=

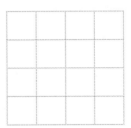

④ 95÷15=

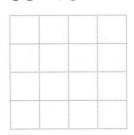

⑤ 68÷24=

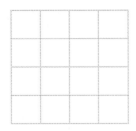

⑥ 76÷38=

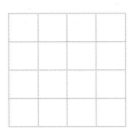

⑦ 83÷63=

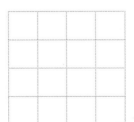

⑧ 93÷31=

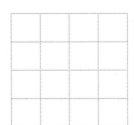

⑨ 89÷13=

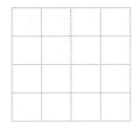

⑩ 42÷17=

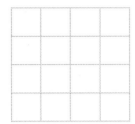

⑪ 61÷26=

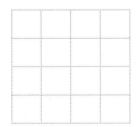

⑫ 95÷22=

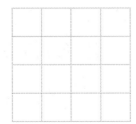

3 Day

(두 자리 수)÷(두 자리 수)

10 × 6 = 60, 10 × 7 = 70
몫을 6 또는 7로 예상해 봐요.

①
```
         6
  1 3 ) 7 8
10으로 어림  7 8
         0
```

②
```
  4 5 ) 9 3
```

③
```
  2 4 ) 7 2
```

④
```
  3 6 ) 9 1
```

⑤
```
  1 8 ) 9 0
```

⑥
```
  2 1 ) 8 8
```

⑦
```
  1 7 ) 5 1
```

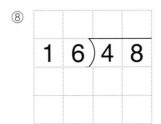

⑧
```
  1 6 ) 4 8
```

⑨
```
  4 3 ) 8 6
```

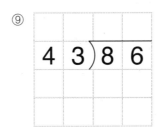

⑩
```
  3 2 ) 6 9
```

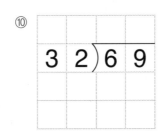

⑪
```
  1 2 ) 9 1
```

⑫
```
  1 4 ) 3 0
```

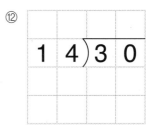

⑬
```
  2 9 ) 7 3
```

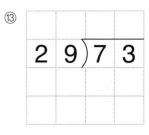

⑭
```
  3 2 ) 8 8
```

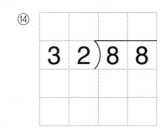

⑮
```
  1 5 ) 9 6
```

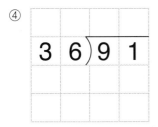

① 92÷26 =

⑤ 25÷15 =

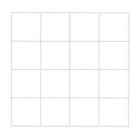

⑨ 91÷17 =

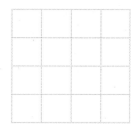

② 84÷14 =

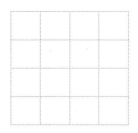

⑥ 89÷43 =

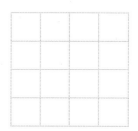

⑩ 54÷12 =

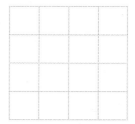

③ 46÷38 =

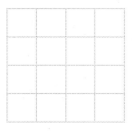

⑦ 63÷21 =

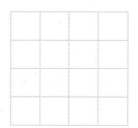

⑪ 22÷11 =

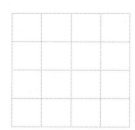

④ 99÷33 =

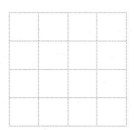

⑧ 56÷13 =

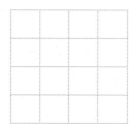

⑫ 71÷13 =

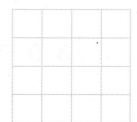

20×4=80, 20×5=100
몫을 4 또는 5로 예상해 봐요.

①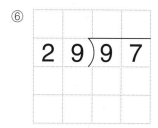

2 3) 9 2
20으로 어림
4
9 2
0

⑥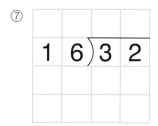

2 9) 9 7

⑪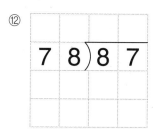

1 5) 8 0

②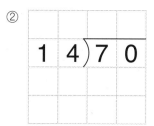

1 4) 7 0

⑦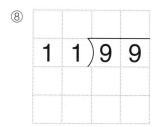

1 6) 3 2

⑫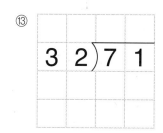

7 8) 8 7

③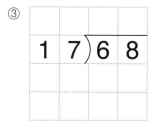

1 7) 6 8

⑧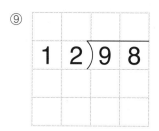

1 1) 9 9

⑬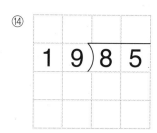

3 2) 7 1

④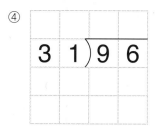

3 1) 9 6

⑨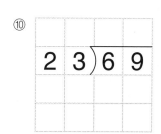

1 2) 9 8

⑭

1 9) 8 5

⑤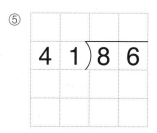

4 1) 8 6

⑩

2 3) 6 9

⑮

1 4) 6 3

4 Day

(두 자리 수)÷(두 자리 수)

① 68÷13=

10으로 어림해요.

② 55÷25=

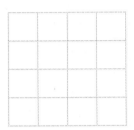

③ 40÷16=

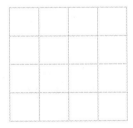

④ 90÷12=

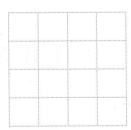

⑤ 98÷34=

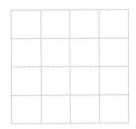

⑥ 94÷47=

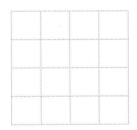

⑦ 56÷56=

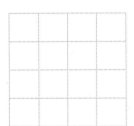

⑧ 91÷18=

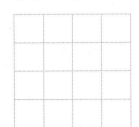

⑨ 78÷26=

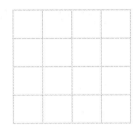

⑩ 42÷14=

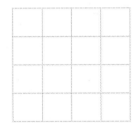

⑪ 60÷15=

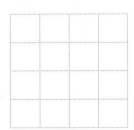

⑫ 74÷11=

20×4＝80, 20×5＝100
몫을 4 또는 5로 예상해 봐요.

①
```
              5
    1 6 ) 9 5
20으로 어림  8 0
              1 5
```

②
```
    1 5 ) 6 4
```

③
```
    2 5 ) 3 5
```

④
```
    1 8 ) 5 8
```

⑤
```
    3 1 ) 9 0
```

⑥
```
    2 1 ) 9 4
```

⑦
```
    1 9 ) 6 3
```

⑧
```
    1 1 ) 8 8
```

⑨
```
    4 5 ) 9 0
```

⑩
```
    1 4 ) 5 6
```

⑪
```
    2 9 ) 8 1
```

⑫
```
    2 8 ) 7 2
```

⑬
```
    1 7 ) 9 7
```

⑭
```
    1 3 ) 4 3
```

⑮
```
    3 3 ) 7 5
```

5 Day (두 자리 수)÷(두 자리 수)

B

월   일   /12

① 85÷17=

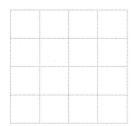

② 95÷13=

③ 63÷16=

④ 78÷39=

⑤ 56÷16=

⑥ 45÷15=

⑦ 72÷12=

⑧ 76÷11=

⑨ 72÷34=

⑩ 82÷23=

⑪ 54÷19=

⑫ 61÷18=

(세 자리 수)
÷(두 자리 수)①

▶ 학습계획 : 매일 공부할 날짜를 정하고, 계획에 맞게 공부하세요.

일차	1일차	2일차	3일차	4일차	5일차
날짜	/	/	/	/	/

▶ 학습연계 : 지금 무엇을 배우는지 확인하고, 이전에 배운 단계와 앞으로 배울 단계를 살펴보세요.

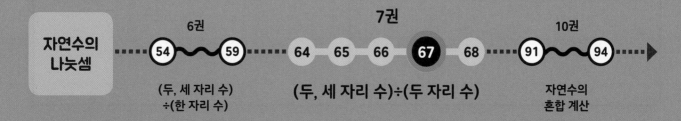

이렇게 계산해요!

67 (세 자리 수)÷(두 자리 수) ❶

나누는 수와 나누어지는 수의 앞의 두 자리 수를 비교해요.

❶ 나누는 수가 나누어지는 수의 앞의 두 자리 수보다 크면 몫은 한 자리 수예요.

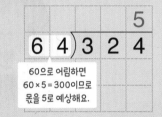

64>32이므로
몫은 한 자리 수예요.

❷ 나누는 수를 몇십으로 어림하여 몫을 예상해요.

```
          5
6 4 )3 2 4
```

60으로 어림하면
60×5=300이므로
몫을 5로 예상해요.

❸ 나머지가 나누는 수보다 작은지 확인해요.

64×5

64>4

❹ 계산이 맞는지 확인해요.

$$\text{(324)} \div 64 = 5 \cdots 4 \Rightarrow 64 \times 5 = 320,\ 320 + 4 = \text{(324)}$$

나누는 수 몫   나머지

A 세로셈

```
          4
2 8 )1 3 0
    1 1 2
      1 8
```

B 가로셈

$$247 \div 35 = 7 \cdots 2$$

```
            7
3 5 )2 4 7
    2 4 5
        2
```

(세 자리 수)÷(두 자리 수) ❶

① 35>21이므로
몫은 한 자리 수

```
        6
3 5 ) 2 1 0
      2 1 0
          0
```

⑥
```
4 3 ) 3 4 7
```

⑪
```
1 5 ) 1 0 5
```

②
```
2 9 ) 2 3 6
```

⑦
```
9 6 ) 4 0 0
```

⑫
```
5 7 ) 3 9 9
```

③
```
1 8 ) 1 6 2
```

⑧
```
7 1 ) 2 5 4
```

⑬
```
3 4 ) 2 4 0
```

④
```
8 1 ) 5 1 3
```

⑨
```
6 4 ) 3 2 0
```

⑭
```
2 3 ) 1 0 0
```

⑤
```
3 6 ) 1 9 6
```

⑩
```
4 8 ) 3 7 2
```

⑮
```
7 2 ) 1 5 7
```

① 192÷48 =

⑤ 102÷14 =

⑨ 440÷55 =

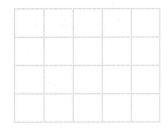

② 129÷63 =

⑥ 288÷32 =

⑩ 159÷24 =

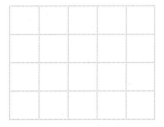

③ 228÷27 =

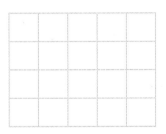

⑦ 112÷16 =

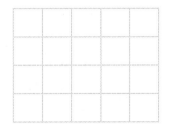

⑪ 186÷36 =

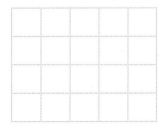

④ 411÷93 =

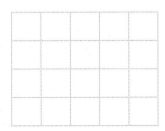

⑧ 312÷52 =

⑫ 708÷76 =

① 17>15이므로
몫은 한 자리 수

```
          9
1 7 ) 1 5 3
      1 5 3
          0
```

②
```
5 3 ) 2 6 5
```

③
```
4 1 ) 2 4 6
```

④
```
3 7 ) 1 3 0
```

⑤
```
9 2 ) 5 8 4
```

⑥
```
2 5 ) 1 0 0
```

⑦
```
6 3 ) 4 6 8
```

⑧
```
1 3 ) 1 1 0
```

⑨
```
4 4 ) 3 0 8
```

⑩
```
6 7 ) 3 4 3
```

⑪
```
9 4 ) 1 9 4
```

⑫
```
3 7 ) 2 7 1
```

⑬
```
2 3 ) 2 0 7
```

⑭
```
7 5 ) 5 1 2
```

⑮
```
8 8 ) 3 5 2
```

① 364÷52 =

```
    ┌─────────
5 2 ) 3 6 4
```
50으로
어림해요.

⑤ 257÷39 =

⑨ 342÷38 =

② 230÷27 =

⑥ 519÷85 =

⑩ 138÷46 =

③ 129÷14 =

⑦ 189÷21 =

⑪ 428÷67 =

④ 316÷79 =

⑧ 643÷99 =

⑫ 378÷54 =

①
32 > 20이므로
몫은 한 자리 수

```
          6
3 2 ) 2 0 8
      1 9 2
        1 6
```

⑥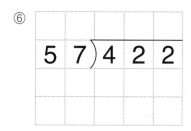

```
5 7 ) 4 2 2
```

⑪

```
8 6 ) 4 3 0
```

②

```
2 6 ) 1 3 0
```

⑦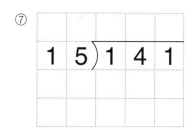

```
1 5 ) 1 4 1
```

⑫

```
3 4 ) 2 7 2
```

③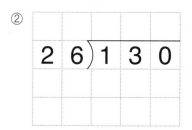

```
4 9 ) 4 4 9
```

⑧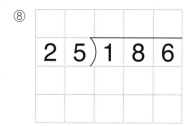

```
2 5 ) 1 8 6
```

⑬

```
9 7 ) 2 9 1
```

④

```
1 9 ) 1 3 3
```

⑨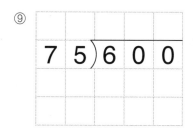

```
7 5 ) 6 0 0
```

⑭

```
4 3 ) 2 6 9
```

⑤

```
6 8 ) 3 1 9
```

⑩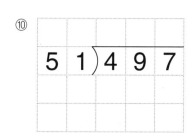

```
5 1 ) 4 9 7
```

⑮

```
3 6 ) 2 5 2
```

① 382÷62=

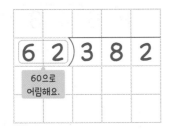

⑤ 750÷93=

⑨ 392÷56=

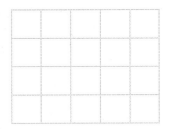

② 144÷16=

⑥ 235÷28=

⑩ 220÷44=

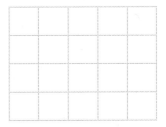

③ 301÷35=

⑦ 292÷73=

⑪ 619÷96=

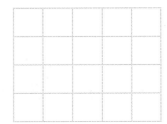

④ 581÷83=

⑧ 474÷49=

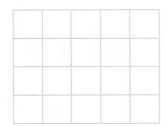

⑫ 125÷37=

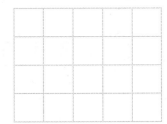

① 58 > 12이므로
몫은 한 자리 수

```
        2
5 8 ) 1 2 9
      1 1 6
        1 3
```

②
```
2 2 ) 1 7 6
```

③
```
4 5 ) 3 2 0
```

④
```
7 4 ) 6 7 9
```

⑤
```
5 9 ) 2 3 6
```

⑥
```
3 1 ) 2 1 7
```

⑦
```
4 7 ) 3 0 4
```

⑧
```
9 3 ) 5 5 8
```

⑨
```
1 7 ) 1 4 4
```

⑩
```
4 3 ) 3 1 0
```

⑪
```
3 8 ) 3 5 3
```

⑫
```
6 9 ) 2 0 7
```

⑬
```
2 3 ) 1 1 5
```

⑭
```
8 6 ) 7 2 6
```

⑮
```
9 1 ) 4 5 5
```

① 125÷19=

20으로 어림해요.

⑤ 391÷42=

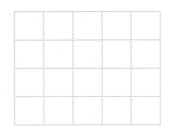

⑨ 468÷78=

② 168÷24=

⑥ 360÷59=

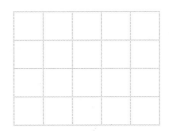

⑩ 252÷28=

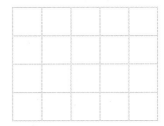

③ 222÷37=

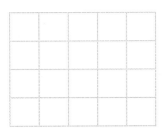

⑦ 415÷83=

⑪ 174÷21=

④ 647÷88=

⑧ 348÷46=

⑫ 256÷64=

(세 자리 수)÷(두 자리 수) ❶

①
51>25이므로
몫은 한 자리 수

```
        5
5 1)2 5 5
    2 5 5
        0
```

⑥
```
7 6)5 3 2
```

⑪
```
3 9)2 4 5
```

②
```
1 8)1 1 7
```

⑦
```
4 8)3 8 4
```

⑫
```
2 9)2 7 5
```

③
```
6 5)1 9 5
```

⑧
```
5 1)4 1 8
```

⑬
```
9 5)3 8 0
```

④
```
8 4)2 6 0
```

⑨
```
1 6)1 5 0
```

⑭
```
3 3)2 3 1
```

⑤
```
4 3)3 4 4
```

⑩
```
7 2)3 6 0
```

⑮
```
9 6)7 0 0
```

(세 자리 수)÷(두 자리 수) ❶

① 104÷26 =

② 123÷13 =

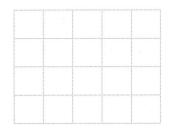

③ 456÷57 =

④ 462÷66 =

⑤ 370÷61 =

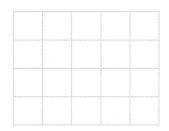

⑥ 297÷35 =

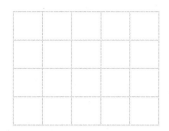

⑦ 500÷93 =

⑧ 177÷42 =

⑨ 553÷79 =

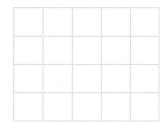

⑩ 189÷87 =

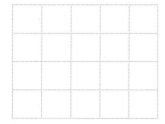

⑪ 451÷48 =

⑫ 204÷34 =

(세 자리 수)
÷(두 자리 수)❷

▶ 학습계획 : 매일 공부할 날짜를 정하고, 계획에 맞게 공부하세요.

일차	1일차	2일차	3일차	4일차	5일차
날짜	/	/	/	/	/

▶ 학습연계 : 지금 무엇을 배우는지 확인하고, 이전에 배운 단계와 앞으로 배울 단계를 살펴보세요.

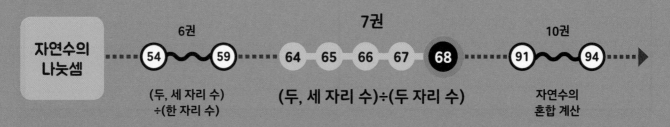

이렇게 계산해요!

68 (세 자리 수)÷(두 자리 수) ❷

나누는 수와 나누어지는 수의 앞의 두 자리 수를 비교해요.

❶ 17<62이므로 몫은 두 자리 수예요.

> 17을 20으로 어림하면
> 20×3=60이므로
> 십의 자리 몫을
> 3으로 예상해요.

❷ 몫의 십의 자리를 계산하고 일의 자리 수 8을 내려요.

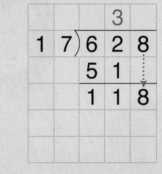

❸ 몫의 일의 자리를 계산하고 나머지가 나누는 수보다 작은지 확인해요.

> 17을 20으로 어림하면
> 20×6=120이므로
> 일의 자리 몫을
> 6으로 예상해요.

17>16

❹ 계산이 맞는지 확인해요.

628÷17=36···16 ➡ 17×36=612, 612+16=628

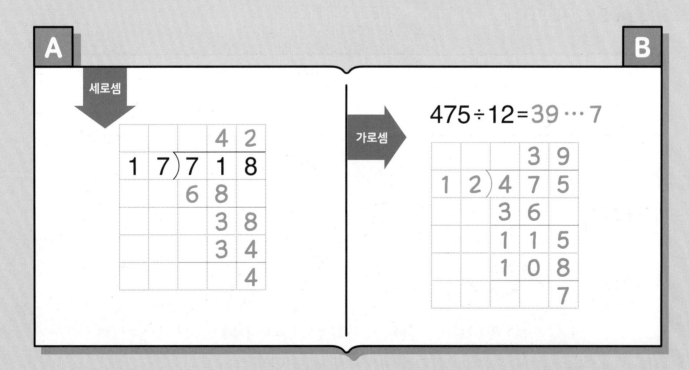

A

세로셈

```
      4 2
1 7)7 1 8
    6 8
    3 8
    3 4
      4
```

B

가로셈

475÷12=39···7

```
      3 9
1 2)4 7 5
    3 6
    1 1 5
    1 0 8
        7
```

① 46 < 68이므로 몫은 두 자리 수

```
        1 4
4 6 ) 6 8 3
      4 6
      2 2 3
      1 8 4
        3 9
```

⑤
```
2 8 ) 8 3 0
```

⑨
```
2 9 ) 8 3 1
```

②
```
4 5 ) 8 5 5
```

⑥
```
1 6 ) 2 1 5
```

⑩
```
2 8 ) 4 6 7
```

③
```
6 3 ) 8 5 4
```

⑦
```
1 8 ) 6 2 1
```

⑪
```
3 6 ) 5 0 4
```

④
```
2 7 ) 3 7 0
```

⑧
```
2 5 ) 9 0 6
```

⑫
```
3 3 ) 9 4 2
```

1 Day

(세 자리 수)÷(두 자리 수) ❷

① 435÷22 =

④ 232÷16 =

⑦ 952÷34 =

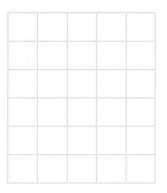

② 762÷46 =

⑤ 933÷17 =

⑧ 850÷26 =

③ 882÷65 =

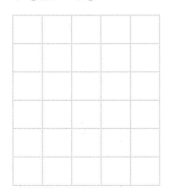

⑥ 641÷39 =

⑨ 921÷12 =

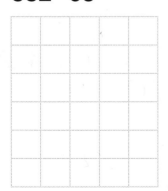

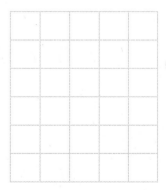

①
12 < 94이므로
몫은 두 자리 수

```
            7 8
   1 2 ) 9 4 3
         8 4
         1 0 3
           9 6
             7
```

⑤
```
   2 4 ) 3 1 2
```

⑨
```
   7 9 ) 9 7 7
```

②
```
   6 6 ) 9 6 0
```

⑥
```
   2 7 ) 5 3 1
```

⑩
```
   1 3 ) 8 5 3
```

③
```
   3 3 ) 9 7 4
```

⑦
```
   6 6 ) 9 0 5
```

⑪
```
   2 5 ) 8 3 3
```

④
```
   4 7 ) 7 5 2
```

⑧
```
   1 1 ) 9 1 1
```

⑫
```
   3 8 ) 9 3 1
```

2 Day

(세 자리 수)÷(두 자리 수) ❷

B

월   일   /9

① 320÷22=

2 2) 3 2 0

20으로
어림해요.

④ 711÷18=

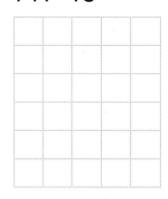

⑦ 910÷17=

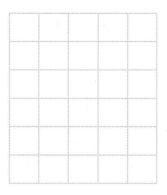

② 992÷69=

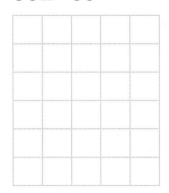

⑤ 932÷43=

⑧ 451÷13=

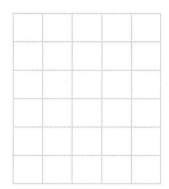

③ 490÷39=

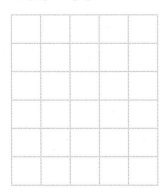

⑥ 840÷56=

⑨ 785÷48=

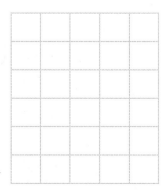

① 11<87이므로
몫은 두 자리 수

```
          7 9
1 1 ) 8 7 0
      7 7
      1 0 0
        9 9
          1
```

⑤
```
1 7 ) 4 1 5
```

⑨
```
3 9 ) 7 7 0
```

②
```
3 2 ) 7 5 3
```

⑥
```
2 5 ) 9 4 1
```

⑩
```
4 4 ) 5 3 1
```

③
```
6 5 ) 8 4 5
```

⑦
```
3 4 ) 8 4 2
```

⑪
```
1 1 ) 9 6 8
```

④
```
1 4 ) 2 4 2
```

⑧
```
5 9 ) 9 6 2
```

⑫
```
7 8 ) 9 4 2
```

① 627÷33＝

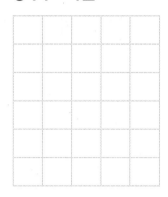

3 3) 6 2 7

30으로
어림해요.

④ 511÷42＝

⑦ 331÷13＝

② 641÷43＝

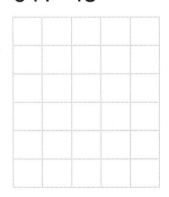

⑤ 863÷68＝

⑧ 942÷11＝

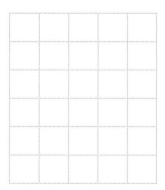

③ 660÷28＝

⑥ 952÷44＝

⑨ 333÷18＝

4 Day

(세 자리 수)÷(두 자리 수) ❷

A

월   일   /12

① 24〈91이므로 몫은 두 자리 수

```
          3 8
   2 4 ) 9 1 2
         7 2
         1 9 2
         1 9 2
             0
```

②
```
   4 3 ) 5 4 2
```

③
```
   6 4 ) 8 3 2
```

④
```
   3 8 ) 9 7 0
```

⑤
```
   1 9 ) 2 7 3
```

⑥
```
   7 5 ) 9 5 3
```

⑦
```
   7 7 ) 9 6 1
```

⑧
```
   1 3 ) 7 3 4
```

⑨
```
   3 8 ) 5 5 1
```

⑩
```
   3 9 ) 8 5 6
```

⑪
```
   2 1 ) 9 6 2
```

⑫
```
   5 4 ) 7 1 0
```

(세 자리 수)÷(두 자리 수) ❷

① 875÷33=

④ 333÷12=

⑦ 921÷21=

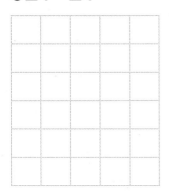

② 962÷26=

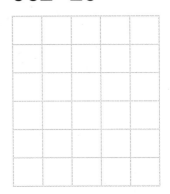

⑤ 663÷49=

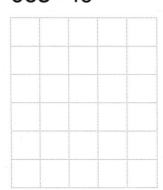

⑧ 932÷11=

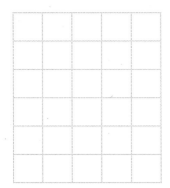

③ 833÷62=

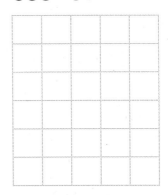

⑥ 941÷57=

⑨ 313÷16=

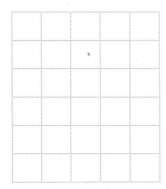

① 14⟨94이므로 몫은 두 자리 수

```
          6 7
    ┌─────────
1 4 ) 9 4 2
      8 4
    ─────────
      1 0 2
        9 8
      ─────────
          4
```

②
```
4 7 ) 8 4 6
```

③
```
1 3 ) 8 8 0
```

④
```
7 6 ) 9 6 0
```

⑤
```
3 7 ) 7 2 1
```

⑥
```
5 9 ) 9 1 3
```

⑦
```
5 8 ) 8 4 1
```

⑧
```
3 9 ) 9 6 2
```

⑨
```
1 2 ) 9 5 2
```

⑩
```
3 8 ) 7 4 1
```

⑪
```
3 4 ) 9 3 6
```

⑫
```
4 9 ) 8 3 3
```

① 930÷53=

50으로 어림해요.

② 751÷45=

③ 944÷12=

④ 216÷12=

⑤ 420÷15=

⑥ 721÷27=

⑦ 922÷31=

⑧ 940÷26=

⑨ 640÷37=

69 단계

곱셈과 나눗셈 종합

▶ **학습계획** : 매일 공부할 날짜를 정하고, 계획에 맞게 공부하세요.

일차	1일차	2일차	3일차	4일차	5일차
날짜	/	/	/	/	/

▶ **학습연계** : 지금 무엇을 배우는지 확인하고, 이전에 배운 단계와 앞으로 배울 단계를 살펴보세요.

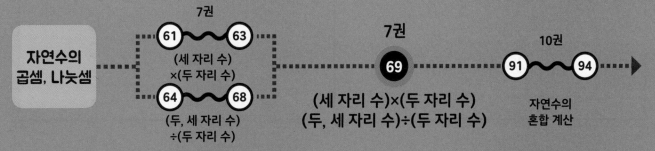

자연수의
곱셈, 나눗셈

7권

61 ～ 63
(세 자리 수)
×(두 자리 수)

64 ～ 68
(두, 세 자리 수)
÷(두 자리 수)

7권

69
(세 자리 수)×(두 자리 수)
(두, 세 자리 수)÷(두 자리 수)

10권

91 ～ 94
자연수의
혼합 계산

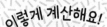

69 곱셈과 나눗셈 종합

곱셈은 일의 자리부터, 나눗셈은 맨 앞의 높은 자리부터 계산해요.

곱셈 곱하는 두 자리 수를 '몇십'과 '몇'으로 나누어 곱한 다음 두 곱을 더해요.

❶ (세 자리 수)×(몇)

```
        7 4 6
  ×       5 7
    5 2 2 2
```

➡

❷ (세 자리 수)×(몇십)

```
        7 4 6
  ×       5 7
    5 2 2 2
  3 7 3 0
```

➡

❸ 두 곱을 더하기

```
        7 4 6
  ×       5 7
    5 2 2 2
  3 7 3 0
  4 2 5 2 2
```

나눗셈 나누는 수가 두 자리 수일 때에는 나누어지는 수의 앞의 두 자리 수를 먼저 생각해요.

❶ 27<85이므로 몫은 두 자리 수

```
          □ □
  2 7 ) 8 5 7
```

➡

❷ 몫의 십의 자리 계산

```
          3
  2 7 ) 8 5 7
        8 1
          4
```

➡

❸ 몫의 일의 자리 계산

```
          3 1
  2 7 ) 8 5 7
        8 1
          4 7
          2 7
          2 0
```

A

곱셈

```
        3 7 8
  ×       6 4
    1 5 1 2
  2 2 6 8
  2 4 1 9 2
```

B

나눗셈

```
          3 2
  2 5 ) 8 0 6
        7 5
          5 6
          5 0
            6
```

1 Day

곱셈과 나눗셈 종합

A

월   일   /12

①
```
      4 1 8
  ×     3 5
```

⑤
```
      5 7 6
  ×     4 7
```

⑨
```
      2 8 3
  ×     5 6
```

②
```
      3 0 0
  ×     5 3
```

⑥
```
      4 0 6
  ×     3 6
```

⑩
```
      8 4 3
  ×     3 4
```

③
```
      1 3 5
  ×     2 0
```

⑦
```
      6 6 0
  ×     4 2
```

⑪
```
      1 8 6
  ×     6 5
```

④
```
      2 5 0
  ×     6 0
```

⑧
```
      8 1 3
  ×     4 2
```

⑫
```
      6 4 6
  ×     3 8
```

① 2 0) 7 5

④ 8 0) 9 6 7

⑦ 2 4) 1 5 2

② 5 0) 8 7

⑤ 9 2) 8 6 8

⑧ 4 7) 8 9 2

③ 3 6) 7 6

⑥ 5 5) 7 8 4

⑨ 7 2) 9 0 4

①
```
      2 6 7
  ×     3 6
```

②
```
      4 1 0
  ×     6 4
```

③
```
      5 4 7
  ×     4 0
```

④
```
      4 4 5
  ×     3 2
```

⑤
```
      7 6 3
  ×     2 8
```

⑥
```
      8 1 2
  ×     9 5
```

⑦
```
      3 0 6
  ×     5 4
```

⑧
```
      6 0 0
  ×     6 7
```

⑨
```
      3 8 4
  ×     6 4
```

⑩
```
      5 5 7
  ×     4 3
```

⑪
```
      2 6 8
  ×     1 7
```

⑫
```
      1 9 6
  ×     4 8
```

①
$$3\,0\,\overline{)\,9\,0}$$

②
$$4\,0\,\overline{)\,9\,6}$$

③
$$2\,8\,\overline{)\,7\,4}$$

④
$$8\,0\,\overline{)\,7\,6\,9}$$

⑤
$$1\,8\,\overline{)\,6\,4\,8}$$

⑥
$$3\,5\,\overline{)\,9\,4\,2}$$

⑦
$$4\,4\,\overline{)\,7\,6\,8}$$

⑧
$$5\,2\,\overline{)\,4\,7\,6}$$

⑨
$$8\,1\,\overline{)\,9\,4\,8}$$

①
```
      1 7 8
  ×     2 4
```

②
```
      3 0 8
  ×     5 2
```

③
```
      4 5 0
  ×     3 0
```

④
```
      5 2 0
  ×     4 8
```

⑤
```
      9 2 8
  ×     3 6
```

⑥
```
      5 6 2
  ×     4 3
```

⑦
```
      6 2 4
  ×     7 3
```

⑧
```
      7 4 9
  ×     2 8
```

⑨
```
      4 6 5
  ×     4 4
```

⑩
```
      8 0 0
  ×     5 0
```

⑪
```
      7 3 3
  ×     1 8
```

⑫
```
      2 3 8
  ×     2 9
```

① 2 0) 9 0

④ 4 0) 3 6 2

⑦ 2 8) 8 7 2

② 5 0) 8 8

⑤ 3 4) 7 5 4

⑧ 3 3) 9 6 4

③ 1 7) 8 6

⑥ 6 5) 4 9 8

⑨ 7 2) 8 8 8

①
```
      4 1 4
  ×     3 3
```

②
```
      6 5 0
  ×     5 0
```

③
```
      8 0 0
  ×     2 8
```

④
```
      4 7 6
  ×     3 6
```

⑤
```
      8 3 2
  ×     4 7
```

⑥
```
      5 5 6
  ×     7 7
```

⑦
```
      7 6 4
  ×     8 6
```

⑧
```
      6 2 9
  ×     7 2
```

⑨
```
      3 3 5
  ×     8 6
```

⑩
```
      7 2 4
  ×     3 7
```

⑪
```
      9 0 4
  ×     6 7
```

⑫
```
      1 8 9
  ×     5 9
```

4 Day 곱셈과 나눗셈 종합

① 30) 70

④ 20) 783

⑦ 48) 689

② 70) 92

⑤ 46) 890

⑧ 83) 787

③ 35) 86

⑥ 73) 678

⑨ 65) 759

①
```
      2 6 7
 ×      3 5
```

②
```
      7 8 2
 ×      5 4
```

③
```
      6 6 0
 ×      3 0
```

④
```
      5 4 5
 ×      5 2
```

⑤
```
      7 4 0
 ×      6 0
```

⑥
```
      4 8 8
 ×      5 5
```

⑦
```
      6 4 3
 ×      6 8
```

⑧
```
      3 0 0
 ×      2 9
```

⑨
```
      4 0 2
 ×      7 0
```

⑩
```
      6 4 7
 ×      4 8
```

⑪
```
      1 8 7
 ×      4 6
```

⑫
```
      5 8 7
 ×      7 5
```

5 Day

곱셈과 나눗셈 종합

① 2 0) 8 4

④ 6 0) 8 8 6

⑦ 3 9) 8 9 0

② 6 0) 7 2

⑤ 7 5) 7 4 6

⑧ 4 8) 3 0 6

③ 1 4) 9 4

⑥ 3 8) 9 8 5

⑨ 8 4) 8 5 7

70 단계

4학년 방정식

나머지가 있는 나눗셈식에서는 곱셈과 나눗셈의 관계만으로 □를 구할 수 없습니다. 이럴 땐 □가 어떤 수인지 먼저 살펴보세요.

□가 나누어지는 수라면 나눗셈 계산이 맞는지 확인하는 검산식을 이용하여 구할 수 있어요.

어려운 건 나머지가 있는 나눗셈식에서 □가 나누는 수일 때입니다. 이런 경우에는 나누어떨어지는 나눗셈식으로 만들면 됩니다. 사탕 9개를 2명이 똑같이 나누어 가지면 1개가 남는데, 이때 1개를 빼고 8개를 2명이 똑같이 나누어 가지면 나누어떨어지는 나눗셈식이 되는 거죠.

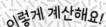

70 4학년 방정식

곱셈과 나머지가 없는 나눗셈은 무당벌레 그림을 그려요.

무당벌레 그림에서 아래 두 수를 곱하면 위의 수가 되고, 위의 수를 아래의 수 중 한 수로 나누면 남은 수가 됩니다. 무당벌레 그림을 이용하여 □를 구하는 곱셈식과 나눗셈식을 찾아봅니다.

$16 \times □ = 240$

240
÷   ÷
16 ⊗ □

➡ □ = 240 ÷ 16
  □ = 15

$312 ÷ □ = 13$

312
÷   ÷
□ ⊗ 13

➡ □ = 312 ÷ 13
  □ = 24

나머지가 있는 나눗셈식은 검산식 전략과 나머지 제거 전략으로!

- 나누어지는 수를 모를 때에는 나눗셈을 바르게 했는지 확인하는 검산식을 이용합니다.
  검산식 : (나누는 수) × (몫) + (나머지) = (나누어지는 수)
- 나누는 수를 모를 때에는 나머지를 제거한 식을 이용합니다.
  처음 나누어지는 수에서 나머지를 빼서 나누어떨어지는 나눗셈식을 만들어요.

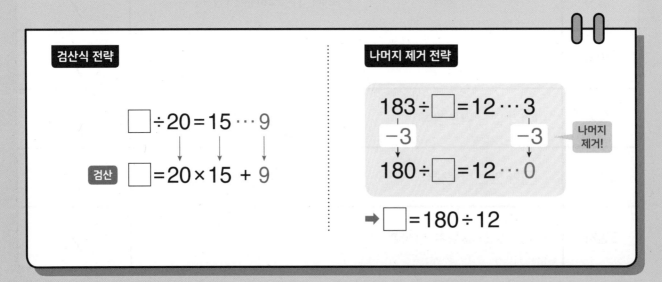

검산식 전략

$□ ÷ 20 = 15 \cdots 9$

검산 $□ = 20 \times 15 + 9$

나머지 제거 전략

$183 ÷ □ = 12 \cdots 3$
-3 ← → -3 ← 나머지 제거!
$180 ÷ □ = 12 \cdots 0$

➡ $□ = 180 ÷ 12$

4학년 방정식

① $12 × \square = 228$ ➡ $\square = \underline{\quad 228 ÷ 12 \quad}$ ➡ $\square = \underline{\quad 19 \quad}$

② $29 × \square = 203$ ➡ $\square = \underline{\qquad\qquad}$ ➡ $\square = \underline{\qquad}$

③ $400 ÷ \square = 16$ ➡ $\square = \underline{\qquad\qquad}$ ➡ $\square = \underline{\qquad}$

④ $\square × 72 = 360$ ➡ $\square = \underline{\qquad\qquad}$ ➡ $\square = \underline{\qquad}$

⑤ $\square ÷ 13 = 39$ ➡ $\square = \underline{\qquad\qquad}$ ➡ $\square = \underline{\qquad}$

① 40×□=800 □=800÷40

➡ □=＿＿＿＿

② 56×□=448

➡ □=＿＿＿＿

③ 27×□=351

➡ □=＿＿＿＿

④ □×24=600

➡ □=＿＿＿＿

⑤ □×25=750

➡ □=＿＿＿＿

⑥ 168÷□=42

➡ □=＿＿＿＿

⑦ 792÷□=22

➡ □=＿＿＿＿

⑧ □÷70=10

➡ □=＿＿＿＿

⑨ □÷15=32

➡ □=＿＿＿＿

⑩ □÷43=6

➡ □=＿＿＿＿

검산

① $\square \div 15 = 24 \cdots 7$ ➡ $\square = \underline{ 15 \times 24 + 7 }$ ➡ $\square = \underline{ 367}$

② $\square \div 20 = 9 \cdots 4$ ➡ $\square = \underline{}$ ➡ $\square = \underline{}$

③ $\square \div 12 = 46 \cdots 2$ ➡ $\square = \underline{}$ ➡ $\square = \underline{}$

④ $\square \div 41 = 8 \cdots 14$ ➡ $\square = \underline{}$ ➡ $\square = \underline{}$

⑤ $\square \div 25 = 10 \cdots 15$ ➡ $\square = \underline{}$ ➡ $\square = \underline{}$

⑥ $\square \div 30 = 12 \cdots 8$ ➡ $\square = \underline{}$ ➡ $\square = \underline{}$

① ☐ ÷37 = 8 ··· 2   ☐ = 37 × 8 + 2

➡ ☐ = _____

⑥ ☐ ÷14 = 65 ··· 10

➡ ☐ = _____

② ☐ ÷27 = 5 ··· 4

➡ ☐ = _____

⑦ ☐ ÷23 = 35 ··· 18

➡ ☐ = _____

③ ☐ ÷16 = 47 ··· 1

➡ ☐ = _____

⑧ ☐ ÷11 = 17 ··· 7

➡ ☐ = _____

④ ☐ ÷68 = 10 ··· 5

➡ ☐ = _____

⑨ ☐ ÷41 = 15 ··· 6

➡ ☐ = _____

⑤ ☐ ÷50 = 12 ··· 22

➡ ☐ = _____

⑩ ☐ ÷24 = 24 ··· 4

➡ ☐ = _____

①
$185 \div \square = 14 \cdots 3$

-3 -3

$182 \div \square = 14 \cdots 0$

➡ $\square = 182 \div 14 =$ _13_

④
$423 \div \square = 13 \cdots 7$

_____ $\div \square = 13$

➡ $\square =$ _____ $\div 13 =$ ____

②
$295 \div \square = 21 \cdots 1$

$294 \div \square = 21$

➡ $\square = 294 \div 21 =$ ____

⑤
$385 \div \square = 15 \cdots 10$

_____ $\div \square = 15$

➡ $\square =$ _____ $\div 15 =$ ____

③
$900 \div \square = 42 \cdots 18$

$882 \div \square = 42$

➡ $\square = 882 \div 42 =$ ____

⑥
$822 \div \square = 27 \cdots 12$

_____ $\div \square = 27$

➡ $\square =$ _____ $\div 27 =$ ____

① $156 \div \square = 10 \cdots 6$

➡ $\square = \underline{\hspace{3cm}}$

$\underset{\substack{156-6=150\text{이므로}\\ \square=150\div10}}{\uparrow}$

② $293 \div \square = 16 \cdots 5$

➡ $\square = \underline{\hspace{3cm}}$

③ $981 \div \square = 28 \cdots 1$

➡ $\square = \underline{\hspace{3cm}}$

④ $400 \div \square = 15 \cdots 10$

➡ $\square = \underline{\hspace{3cm}}$

⑤ $999 \div \square = 22 \cdots 31$

➡ $\square = \underline{\hspace{3cm}}$

⑥ $631 \div \square = 31 \cdots 11$

➡ $\square = \underline{\hspace{3cm}}$

⑦ $890 \div \square = 74 \cdots 2$

➡ $\square = \underline{\hspace{3cm}}$

⑧ $645 \div \square = 20 \cdots 5$

➡ $\square = \underline{\hspace{3cm}}$

⑨ $955 \div \square = 12 \cdots 7$

➡ $\square = \underline{\hspace{3cm}}$

⑩ $348 \div \square = 43 \cdots 4$

➡ $\square = \underline{\hspace{3cm}}$

①
$$373 \div \square = 16 \cdots 5$$

-5 -5

$$368 \div \square = 16 \cdots 0$$

➡ $\square = 368 \div 16 = \underline{\ 23\ }$

④
$$619 \div \square = 34 \cdots 7$$

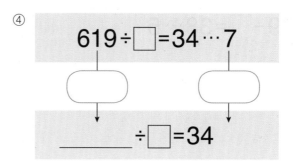

$$\underline{\hspace{2cm}} \div \square = 34$$

➡ $\square = \underline{\hspace{2cm}} \div 34 = \underline{\hspace{1cm}}$

②
$$553 \div \square = 25 \cdots 3$$

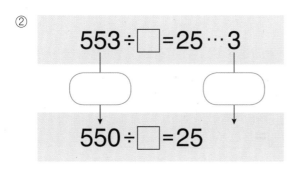

$$550 \div \square = 25$$

➡ $\square = 550 \div 25 = \underline{\hspace{1.5cm}}$

⑤
$$524 \div \square = 14 \cdots 6$$

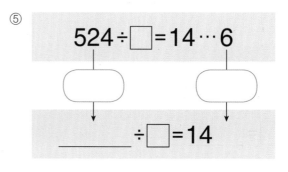

$$\underline{\hspace{2cm}} \div \square = 14$$

➡ $\square = \underline{\hspace{2cm}} \div 14 = \underline{\hspace{1cm}}$

③
$$909 \div \square = 53 \cdots 8$$

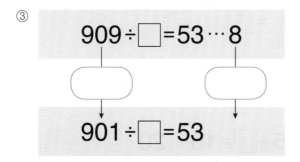

$$901 \div \square = 53$$

➡ $\square = 901 \div 53 = \underline{\hspace{1.5cm}}$

⑥
$$513 \div \square = 36 \cdots 9$$

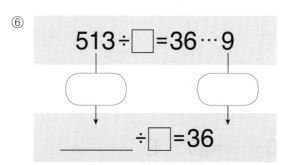

$$\underline{\hspace{2cm}} \div \square = 36$$

➡ $\square = \underline{\hspace{2cm}} \div 36 = \underline{\hspace{1cm}}$

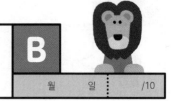

① 879÷☐=38···5

➡ ☐ = _____
879−5=874이므로
☐=874÷38

② 475÷☐=26···7

➡ ☐ = _____

③ 824÷☐=34···8

➡ ☐ = _____

④ 657÷☐=18···9

➡ ☐ = _____

⑤ 710÷☐=27···8

➡ ☐ = _____

⑥ 869÷☐=48···5

➡ ☐ = _____

⑦ 847÷☐=24···7

➡ ☐ = _____

⑧ 893÷☐=17···9

➡ ☐ = _____

⑨ 726÷☐=17···12

➡ ☐ = _____

⑩ 965÷☐=15···20

➡ ☐ = _____

4학년 방정식

① $\square \times 16 = 768$

➡ $\square$ = _____

⑥ $27 \times \square = 513$

➡ $\square$ = _____

② $\square \div 45 = 16$

➡ $\square$ = _____

⑦ $900 \div \square = 60$

➡ $\square$ = _____

③ $\square \div 18 = 52$

➡ $\square$ = _____

⑧ $700 \div \square = 35$

➡ $\square$ = _____

④ $\square \div 25 = 9 \cdots 17$

➡ $\square$ = _____

⑨ $517 \div \square = 36 \cdots 13$

➡ $\square$ = _____

⑤ $\square \div 34 = 29 \cdots 4$

➡ $\square$ = _____

⑩ $792 \div \square = 12 \cdots 12$

➡ $\square$ = _____

5 Day

4학년 방정식

B

① 어떤 수에 **14**를 곱했더니 **238**이 되었습니다.
어떤 수는 얼마일까요?

식　　　□ × 14 = 238

답

② 양계장에서 오늘 생산한 달걀을 한 판에 **30**개씩 담았더니
모두 **25**판이고 **12**개가 남았습니다.
양계장에서 오늘 생산한 달걀은 모두 몇 개일까요?

식

답　　　　　　　개

③ 만두 **400**개를 만들었어요.
한 상자에 똑같은 개수씩 나누어 담았더니
모두 **17**상자이고 **9**개가 남았습니다.
한 상자에 만두를 몇 개씩 담았을까요?

식

답　　　　　　　개

7권 끝!
8권으로 넘어갈까요?

기적의 계산법

정답

초등 4학년

7 권

정답

7 권

엄마표 학습 생활기록부

61 단계

<학습기간>　　월　　일 ~　　월　　일

계획 준수	① 매우 잘함	② 잘함	③ 보통	④ 노력 요함	종합의견
원리 이해	① 매우 잘함	② 잘함	③ 보통	④ 노력 요함	
시간 단축	① 매우 잘함	② 잘함	③ 보통	④ 노력 요함	
정확성	① 매우 잘함	② 잘함	③ 보통	④ 노력 요함	

62 단계

<학습기간>　　월　　일 ~　　월　　일

계획 준수	① 매우 잘함	② 잘함	③ 보통	④ 노력 요함	종합의견
원리 이해	① 매우 잘함	② 잘함	③ 보통	④ 노력 요함	
시간 단축	① 매우 잘함	② 잘함	③ 보통	④ 노력 요함	
정확성	① 매우 잘함	② 잘함	③ 보통	④ 노력 요함	

63 단계

<학습기간>　　월　　일 ~　　월　　일

계획 준수	① 매우 잘함	② 잘함	③ 보통	④ 노력 요함	종합의견
원리 이해	① 매우 잘함	② 잘함	③ 보통	④ 노력 요함	
시간 단축	① 매우 잘함	② 잘함	③ 보통	④ 노력 요함	
정확성	① 매우 잘함	② 잘함	③ 보통	④ 노력 요함	

64 단계

<학습기간>　　월　　일 ~　　월　　일

계획 준수	① 매우 잘함	② 잘함	③ 보통	④ 노력 요함	종합의견
원리 이해	① 매우 잘함	② 잘함	③ 보통	④ 노력 요함	
시간 단축	① 매우 잘함	② 잘함	③ 보통	④ 노력 요함	
정확성	① 매우 잘함	② 잘함	③ 보통	④ 노력 요함	

65 단계

<학습기간>　　월　　일 ~　　월　　일

계획 준수	① 매우 잘함	② 잘함	③ 보통	④ 노력 요함	종합의견
원리 이해	① 매우 잘함	② 잘함	③ 보통	④ 노력 요함	
시간 단축	① 매우 잘함	② 잘함	③ 보통	④ 노력 요함	
정확성	① 매우 잘함	② 잘함	③ 보통	④ 노력 요함	

66 단계

<학습기간>　　월　　일 ~ 　　월　　일

계획 준수	① 매우 잘함	② 잘함	③ 보통	④ 노력 요함
원리 이해	① 매우 잘함	② 잘함	③ 보통	④ 노력 요함
시간 단축	① 매우 잘함	② 잘함	③ 보통	④ 노력 요함
정확성	① 매우 잘함	② 잘함	③ 보통	④ 노력 요함

종합의견

67 단계

<학습기간>　　월　　일 ~ 　　월　　일

계획 준수	① 매우 잘함	② 잘함	③ 보통	④ 노력 요함
원리 이해	① 매우 잘함	② 잘함	③ 보통	④ 노력 요함
시간 단축	① 매우 잘함	② 잘함	③ 보통	④ 노력 요함
정확성	① 매우 잘함	② 잘함	③ 보통	④ 노력 요함

종합의견

68 단계

<학습기간>　　월　　일 ~ 　　월　　일

계획 준수	① 매우 잘함	② 잘함	③ 보통	④ 노력 요함
원리 이해	① 매우 잘함	② 잘함	③ 보통	④ 노력 요함
시간 단축	① 매우 잘함	② 잘함	③ 보통	④ 노력 요함
정확성	① 매우 잘함	② 잘함	③ 보통	④ 노력 요함

종합의견

69 단계

<학습기간>　　월　　일 ~ 　　월　　일

계획 준수	① 매우 잘함	② 잘함	③ 보통	④ 노력 요함
원리 이해	① 매우 잘함	② 잘함	③ 보통	④ 노력 요함
시간 단축	① 매우 잘함	② 잘함	③ 보통	④ 노력 요함
정확성	① 매우 잘함	② 잘함	③ 보통	④ 노력 요함

종합의견

70 단계

<학습기간>　　월　　일 ~ 　　월　　일

계획 준수	① 매우 잘함	② 잘함	③ 보통	④ 노력 요함
원리 이해	① 매우 잘함	② 잘함	③ 보통	④ 노력 요함
시간 단축	① 매우 잘함	② 잘함	③ 보통	④ 노력 요함
정확성	① 매우 잘함	② 잘함	③ 보통	④ 노력 요함

종합의견

61단계

몇십, 몇백 곱하기

(몇십), (몇백)을 곱하는 곱셈에서는 0을 뗀 수끼리의 곱을 구한 다음 그 곱에 곱하는 두 수의 0의 개수만큼 0을 붙여 주어야 곱의 실제 자릿수를 알 수 있습니다. 이러한 과정은 63단계에서 배우는 (세 자리 수)×(두 자리 수)의 계산에서 각 자리에 맞추어 곱을 쓰는 중요한 개념이므로 잘 알아 두어야 합니다.

지도가이드

1 Day

11쪽 Ⓐ

① 9000
② 3000
③ 5000
④ 8000
⑤ 60000
⑥ 9900
⑦ 510
⑧ 400
⑨ 8300
⑩ 76000
⑪ 1800
⑫ 4000
⑬ 16000
⑭ 270000
⑮ 560000
⑯ 990
⑰ 1440
⑱ 15300
⑲ 33500
⑳ 328000

12쪽 Ⓑ

① 8000
② 9000
③ 10000
④ 7600
⑤ 38000
⑥ 5000
⑦ 40000
⑧ 10000
⑨ 16000
⑩ 12000
⑪ 160000
⑫ 350000
⑬ 14400
⑭ 51000
⑮ 81000

2 Day

13쪽 Ⓐ

① 5000
② 4000
③ 6000
④ 7000
⑤ 20000
⑥ 2500
⑦ 410
⑧ 200
⑨ 6500
⑩ 91000
⑪ 2100
⑫ 48000
⑬ 18000
⑭ 360000
⑮ 240000
⑯ 6720
⑰ 650
⑱ 21600
⑲ 41500
⑳ 26000

14쪽 Ⓑ

① 7000
② 6000
③ 50000
④ 3500
⑤ 64000
⑥ 8000
⑦ 90000
⑧ 48000
⑨ 36000
⑩ 40000
⑪ 80000
⑫ 180000
⑬ 4800
⑭ 55800
⑮ 549000

3 Day

15쪽 Ⓐ

① 3000
② 2000
③ 9000
④ 4000
⑤ 80000
⑥ 2500
⑦ 370
⑧ 600
⑨ 3800
⑩ 72000
⑪ 1500
⑫ 12000
⑬ 24000
⑭ 480000
⑮ 250000
⑯ 5580
⑰ 1440
⑱ 39200
⑲ 6300
⑳ 315000

16쪽 Ⓑ

① 4000
② 5000
③ 90000
④ 6900
⑤ 43000
⑥ 7000
⑦ 40000
⑧ 30000
⑨ 64000
⑩ 18000
⑪ 320000
⑫ 180000
⑬ 41600
⑭ 63900
⑮ 228000

4 Day

17쪽 Ⓐ

① 6000
② 9000
③ 3000
④ 2000
⑤ 60000
⑥ 8600
⑦ 170
⑧ 900
⑨ 5300
⑩ 46000
⑪ 1600
⑫ 24000
⑬ 10000
⑭ 720000
⑮ 490000
⑯ 2720
⑰ 5700
⑱ 23500
⑲ 37100
⑳ 248000

18쪽 Ⓑ

① 2000
② 8000
③ 70000
④ 9800
⑤ 29000
⑥ 4000
⑦ 10000
⑧ 15000
⑨ 32000
⑩ 21000
⑪ 420000
⑫ 450000
⑬ 8400
⑭ 25200
⑮ 222000

5 Day

19쪽 Ⓐ

① 4000
② 7000
③ 5000
④ 90000
⑤ 30000
⑥ 6500
⑦ 790
⑧ 500
⑨ 8600
⑩ 23000
⑪ 2800
⑫ 72000
⑬ 18000
⑭ 630000
⑮ 300000
⑯ 4320
⑰ 2430
⑱ 21600
⑲ 21200
⑳ 576000

20쪽 Ⓑ

① 6000
② 2000
③ 5300
④ 9100
⑤ 78000
⑥ 1000
⑦ 80000
⑧ 45000
⑨ 42000
⑩ 49000
⑪ 120000
⑫ 200000
⑬ 19000
⑭ 77400
⑮ 584000

(세 자리 수)×(몇십)

지도가이드

(세 자리 수)×(몇십)에서 (몇십)은 (몇)의 10배이므로 (세 자리 수)×(몇십)은
(세 자리 수)×(몇)의 10배임을 이해해야 합니다. 그래야 (세 자리 수)×(몇)을 계산한
다음 0을 붙여 주는 계산 과정을 이해할 수 있기 때문입니다.

1 Day

23쪽 Ⓐ

① 31320
② 12240
③ 8220
④ 32700
⑤ 6920
⑥ 14880
⑦ 59520
⑧ 21280
⑨ 12080
⑩ 44520
⑪ 58520
⑫ 83070
⑬ 16680
⑭ 14040
⑮ 28400

24쪽 Ⓑ

① 37440
② 14880
③ 58380
④ 10350
⑤ 23440
⑥ 32640
⑦ 20300
⑧ 45040
⑨ 24200
⑩ 28140
⑪ 19740
⑫ 29890

2 Day

25쪽 Ⓐ

① 12300
② 23900
③ 7180
④ 25080
⑤ 41640
⑥ 26600
⑦ 27160
⑧ 63490
⑨ 25280
⑩ 18080
⑪ 12660
⑫ 31380
⑬ 35800
⑭ 77580
⑮ 67410

26쪽 Ⓑ

① 5280
② 29520
③ 28920
④ 60480
⑤ 42280
⑥ 31150
⑦ 16020
⑧ 48180
⑨ 21630
⑩ 77200
⑪ 11880
⑫ 26750

3 Day

27쪽 Ⓐ

① 11250　⑥ 17220　⑪ 65680
② 13300　⑦ 55860　⑫ 12560
③ 25480　⑧ 16350　⑬ 50700
④ 16620　⑨ 28920　⑭ 15450
⑤ 19620　⑩ 64540　⑮ 35910

28쪽 Ⓑ

① 19350　⑤ 65880　⑨ 10900
② 33720　⑥ 7340　⑩ 40180
③ 15780　⑦ 19020　⑪ 36680
④ 14790　⑧ 32720　⑫ 66330

4 Day

29쪽 Ⓐ

① 18540　⑥ 37760　⑪ 18440
② 33780　⑦ 47040　⑫ 47250
③ 5480　⑧ 25830　⑬ 73530
④ 13450　⑨ 61110　⑭ 42480
⑤ 12540　⑩ 48250　⑮ 24850

30쪽 Ⓑ

① 18950　⑤ 25920　⑨ 43500
② 38360　⑥ 64560　⑩ 61020
③ 15300　⑦ 17160　⑪ 23000
④ 68180　⑧ 24450　⑫ 62280

5 Day

31쪽 Ⓐ

① 31400　⑥ 32850　⑪ 15120
② 26250　⑦ 41790　⑫ 33850
③ 10480　⑧ 31260　⑬ 14660
④ 66850　⑨ 34800　⑭ 12420
⑤ 38800　⑩ 13020　⑮ 50160

32쪽 Ⓑ

① 34650　⑤ 36250　⑨ 14610
② 37590　⑥ 9380　⑩ 40900
③ 31320　⑦ 11940　⑪ 54560
④ 49520　⑧ 28020　⑫ 16680

63
단계

(세 자리 수)×(두 자리 수)

63단계에서는 아이의 계산 과정을 좀 더 자세히 지켜볼 필요가 있습니다. 곱셈의 계산 과정에서 실수가 있는지, 일의 자리의 곱과 십의 자리의 곱을 더하는 데 실수가 있는지 살펴봅니다. 아이가 곱셈과 덧셈 중 어떤 부분을 어려워하는지 파악하여 적절한 단계의 보충 학습을 합니다.

지도가이드

1 Day

35쪽 Ⓐ

① 36075
② 17739
③ 6048
④ 7784
⑤ 37430
⑥ 53148
⑦ 66378
⑧ 32571
⑨ 41225
⑩ 43011
⑪ 32103
⑫ 35133

36쪽 Ⓑ

① 24252
② 36204
③ 77168
④ 23306
⑤ 62700
⑥ 20608
⑦ 41031
⑧ 42630
⑨ 22436

2 Day

37쪽 Ⓐ

① 71889
② 48705
③ 54464
④ 52080
⑤ 30056
⑥ 56448
⑦ 25440
⑧ 60593
⑨ 11374
⑩ 20268
⑪ 64272
⑫ 12208

38쪽 Ⓑ

① 9156
② 50710
③ 8265
④ 34706
⑤ 52224
⑥ 23821
⑦ 32218
⑧ 34006
⑨ 43428

3 Day

39쪽 Ⓐ

① 35964 ⑤ 12906 ⑨ 11223
② 27375 ⑥ 38016 ⑩ 52104
③ 15372 ⑦ 19067 ⑪ 51030
④ 28105 ⑧ 28350 ⑫ 28176

40쪽 Ⓑ

① 51792 ④ 42276 ⑦ 32304
② 31691 ⑤ 36421 ⑧ 72600
③ 41256 ⑥ 28037 ⑨ 21502

4 Day

41쪽 Ⓐ

① 33969 ⑤ 22302 ⑨ 40824
② 35190 ⑥ 53218 ⑩ 70110
③ 12040 ⑦ 39564 ⑪ 31212
④ 26622 ⑧ 74226 ⑫ 92344

42쪽 Ⓑ

① 6615 ④ 19225 ⑦ 11232
② 29281 ⑤ 32706 ⑧ 43213
③ 46602 ⑥ 71288 ⑨ 30672

5 Day

43쪽 Ⓐ

① 23851 ⑤ 23205 ⑨ 30464
② 28126 ⑥ 25803 ⑩ 30108
③ 22962 ⑦ 64532 ⑪ 12038
④ 39490 ⑧ 30687 ⑫ 21252

44쪽 Ⓑ

① 44478 ④ 27300 ⑦ 42525
② 17879 ⑤ 60288 ⑧ 41904
③ 21761 ⑥ 40334 ⑨ 40227

64 단계

몇십으로 나누기

지도가이드

나눗셈을 세로셈으로 할 경우 나누어지는 수가 커질수록 몫을 어디에 써야 할지 어려워합니다. 나눗셈에서 몫을 구하는 과정은 곱셈 과정입니다. 즉 (나누는 수)×(몫)의 값이 나누어지는 수에 가깝도록 몫을 정해야 합니다. 이때 몫이 한 자리 수이면 나누어지는 수의 일의 자리 위에 쓰도록 지도해 주세요.

1 Day

47쪽 Ⓐ

① 3…30
② 6
③ 7…20
④ 5…4
⑤ 6
⑥ 8…6
⑦ 9
⑧ 5
⑨ 7…26
⑩ 2…13
⑪ 7…30
⑫ 2…54
⑬ 9…60
⑭ 3…5
⑮ 2…65

48쪽 Ⓑ

① 9
② 2
③ 3…20
④ 6…40
⑤ 7
⑥ 4…79
⑦ 5…25
⑧ 3
⑨ 8…65
⑩ 7…55
⑪ 7…73
⑫ 7…32

2 Day

49쪽 Ⓐ

① 5
② 1…8
③ 7…25
④ 6
⑤ 3
⑥ 4…16
⑦ 4
⑧ 6…10
⑨ 9
⑩ 2…20
⑪ 8…9
⑫ 2
⑬ 8…28
⑭ 9…21
⑮ 1

50쪽 Ⓑ

① 2…60
② 8…28
③ 6
④ 5…44
⑤ 7…10
⑥ 3
⑦ 2
⑧ 8…20
⑨ 8…30
⑩ 4…55
⑪ 2…26
⑫ 6…25

3 Day

51쪽 Ⓐ

① 3…24　　⑥ 6　　⑪ 7…20
② 1　　　　⑦ 5…3　　⑫ 6…28
③ 1…30　　⑧ 5　　　⑬ 8…68
④ 3　　　　⑨ 7…13　⑭ 3…21
⑤ 8…20　　⑩ 9　　　⑮ 4…67

52쪽 Ⓑ

① 4　　　　⑤ 9…57　⑨ 3…56
② 4…40　　⑥ 7　　　⑩ 8…46
③ 3…45　　⑦ 6…24　⑪ 1…40
④ 6…4　　⑧ 2…6　　⑫ 8…62

4 Day

53쪽 Ⓐ

① 8　　　　⑥ 9　　　⑪ 8…72
② 3…10　　⑦ 2…20　⑫ 3…87
③ 1…30　　⑧ 3…57　⑬ 6…22
④ 8　　　　⑨ 8　　　⑭ 2…55
⑤ 9…40　　⑩ 5…6　　⑮ 7…37

54쪽 Ⓑ

① 3　　　　⑤ 7　　　⑨ 3…48
② 1　　　　⑥ 5　　　⑩ 4…59
③ 9…24　　⑦ 1…30　⑪ 7…22
④ 8　　　　⑧ 2　　　⑫ 7…46

5 Day

55쪽 Ⓐ

① 8　　　　⑥ 3…16　⑪ 7…35
② 1…15　　⑦ 4…10　⑫ 8…32
③ 5…15　　⑧ 5…20　⑬ 9…32
④ 3　　　　⑨ 7…55　⑭ 2…28
⑤ 6　　　　⑩ 5…18　⑮ 1…50

56쪽 Ⓑ

① 3　　　　⑤ 2…45　⑨ 6…29
② 8…28　　⑥ 8　　　⑩ 8…10
③ 7　　　　⑦ 9…19　⑪ 3…78
④ 4…20　　⑧ 3…40　⑫ 6…86

65
단계

(세 자리 수)÷(몇십)

65단계에서는 나누는 수가 몇십인 나눗셈을 능숙하게 할 수 있도록 잘 연습해 두어야 합니다. 앞으로 배울 몫이 두 자리 수인 나눗셈에서 몫의 십의 자리 수가 얼마인지 알아보려면 나누는 수를 몇십으로 어림해 보면 쉽게 찾을 수 있기 때문입니다.

지도가이드

1 Day

59쪽 Ⓐ

① 35…8 ④ 10…76 ⑦ 19…4
② 13…35 ⑤ 31…17 ⑧ 22…4
③ 19…8 ⑥ 17…25 ⑨ 13…59

60쪽 Ⓑ

① 15…23 ④ 24…25 ⑦ 13…3
② 22…20 ⑤ 22…18 ⑧ 10…72
③ 16…36 ⑥ 10…62 ⑨ 13…30

2 Day

61쪽 Ⓐ

① 27…3 ④ 14…26 ⑦ 10…48
② 10…28 ⑤ 48…2 ⑧ 17…3
③ 12…12 ⑥ 17…5 ⑨ 13…9

62쪽 Ⓑ

① 37…13 ④ 20…20 ⑦ 14…42
② 13…36 ⑤ 10…55 ⑧ 23…13
③ 20…16 ⑥ 17…45 ⑨ 11…60

3 Day

63쪽 Ⓐ

① 21…2   ④ 16…28   ⑦ 12…37
② 38…14   ⑤ 12…20   ⑧ 12…4
③ 14…17   ⑥ 10…47   ⑨ 28…14

64쪽 Ⓑ

① 10…6   ④ 11…17   ⑦ 19…9
② 19…26   ⑤ 12…55   ⑧ 32…3
③ 17…5   ⑥ 10…44   ⑨ 13

4 Day

65쪽 Ⓐ

① 11…48   ④ 29…6   ⑦ 13…44
② 27…5   ⑤ 18…47   ⑧ 11…4
③ 12…48   ⑥ 21…21   ⑨ 48…9

66쪽 Ⓑ

① 10…23   ④ 18…25   ⑦ 13…23
② 10…80   ⑤ 12…18   ⑧ 48…12
③ 33…6   ⑥ 10…24   ⑨ 15…25

5 Day

67쪽 Ⓐ

① 25…13   ④ 11…2   ⑦ 19…23
② 12…46   ⑤ 48   ⑧ 14…52
③ 11…14   ⑥ 19…20   ⑨ 16…39

68쪽 Ⓑ

① 17…30   ④ 11…36   ⑦ 16…3
② 12…47   ⑤ 17…13   ⑧ 10…35
③ 42…7   ⑥ 15…28   ⑨ 26…5

66 단계

(두 자리 수)÷(두 자리 수)

지도가이드

나누는 수가 두 자리 수일 경우 몫을 예상하기 쉽지 않습니다. 나누는 수를 몇십으로 어림하여 몫을 예상하고 조정하는 과정을 거치도록 지도해 주세요. 이 단계에서는 나눗셈을 계산하는 시간의 단축보다 몫을 어림하는 능력을 기르도록 합니다.

1 Day

71쪽 Ⓐ

① 2…24
② 2
③ 2…20
④ 4…6
⑤ 1…30
⑥ 2
⑦ 6
⑧ 4…7
⑨ 5…2
⑩ 2…10
⑪ 2…16
⑫ 4…8
⑬ 3…7
⑭ 1…13
⑮ 4…9

72쪽 Ⓑ

① 3…3
② 2
③ 3
④ 5…3
⑤ 2…4
⑥ 7
⑦ 4
⑧ 3…15
⑨ 6…3
⑩ 2…19
⑪ 3…6
⑫ 2…21

2 Day

73쪽 Ⓐ

① 4
② 6…1
③ 8
④ 2…14
⑤ 2…25
⑥ 1…42
⑦ 4
⑧ 7…1
⑨ 5…5
⑩ 3…13
⑪ 1…14
⑫ 7…3
⑬ 2…9
⑭ 3…17
⑮ 3…15

74쪽 Ⓑ

① 5…10
② 2
③ 4…5
④ 6…5
⑤ 2…20
⑥ 2
⑦ 1…20
⑧ 3
⑨ 6…11
⑩ 2…8
⑪ 2…9
⑫ 4…7

3 Day

75쪽 Ⓐ

① 6
② 2…3
③ 3
④ 2…19
⑤ 5
⑥ 4…4
⑦ 3
⑧ 3
⑨ 2
⑩ 2…5
⑪ 7…7
⑫ 2…2
⑬ 2…15
⑭ 2…24
⑮ 6…6

76쪽 Ⓑ

① 3…14
② 6
③ 1…8
④ 3
⑤ 1…10
⑥ 2…3
⑦ 3
⑧ 4…4
⑨ 5…6
⑩ 4…6
⑪ 2
⑫ 5…6

4 Day

77쪽 Ⓐ

① 4
② 5
③ 4
④ 3…3
⑤ 2…4
⑥ 3…10
⑦ 2
⑧ 9
⑨ 8…2
⑩ 3
⑪ 5…5
⑫ 1…9
⑬ 2…7
⑭ 4…9
⑮ 4…7

78쪽 Ⓑ

① 5…3
② 2…5
③ 2…8
④ 7…6
⑤ 2…30
⑥ 2
⑦ 1
⑧ 5…1
⑨ 3
⑩ 3
⑪ 4
⑫ 6…8

5 Day

79쪽 Ⓐ

① 5…15
② 4…4
③ 1…10
④ 3…4
⑤ 2…28
⑥ 4…10
⑦ 3…6
⑧ 8
⑨ 2
⑩ 4
⑪ 2…23
⑫ 2…16
⑬ 5…12
⑭ 3…4
⑮ 2…9

80쪽 Ⓑ

① 5
② 7…4
③ 3…15
④ 2
⑤ 3…8
⑥ 3
⑦ 6
⑧ 6…10
⑨ 2…4
⑩ 3…13
⑪ 2…16
⑫ 3…7

67 단계

(세 자리 수)÷(두 자리 수) ❶

지도가이드

67단계에서는 몫이 한 자리 수인 (세 자리 수)÷(두 자리 수)의 계산 방법을 익힙니다.
나누어지는 수의 앞의 두 자리 수와 나누는 수를 비교하여 몫이 한 자리 수일지 두 자리 수
일지 판별하고 몫을 어림하는 능력을 기를 수 있도록 지도해 주세요.

1 Day

83쪽 Ⓐ

① 6
② 8…4
③ 9
④ 6…27
⑤ 5…16
⑥ 8…3
⑦ 4…16
⑧ 3…41
⑨ 5
⑩ 7…36
⑪ 7
⑫ 7
⑬ 7…2
⑭ 4…8
⑮ 2…13

84쪽 Ⓑ

① 4
② 2…3
③ 8…12
④ 4…39
⑤ 7…4
⑥ 9
⑦ 7
⑧ 6
⑨ 8
⑩ 6…15
⑪ 5…6
⑫ 9…24

2 Day

85쪽 Ⓐ

① 9
② 5
③ 6
④ 3…19
⑤ 6…32
⑥ 4
⑦ 7…27
⑧ 8…6
⑨ 7
⑩ 5…8
⑪ 2…6
⑫ 7…12
⑬ 9
⑭ 6…62
⑮ 4

86쪽 Ⓑ

① 7
② 8…14
③ 9…3
④ 4
⑤ 6…23
⑥ 6…9
⑦ 9
⑧ 6…49
⑨ 9
⑩ 3
⑪ 6…26
⑫ 7

3 Day

87쪽 Ⓐ

① 6…16
② 5
③ 9…8
④ 7
⑤ 4…47
⑥ 7…23
⑦ 9…6
⑧ 7…11
⑨ 8
⑩ 9…38
⑪ 5
⑫ 8
⑬ 3
⑭ 6…11
⑮ 7

88쪽 Ⓑ

① 6…10
② 9
③ 8…21
④ 7
⑤ 8…6
⑥ 8…11
⑦ 4
⑧ 9…33
⑨ 7
⑩ 5
⑪ 6…43
⑫ 3…14

4 Day

89쪽 Ⓐ

① 2…13
② 8
③ 7…5
④ 9…13
⑤ 4
⑥ 7
⑦ 6…22
⑧ 6
⑨ 8…8
⑩ 7…9
⑪ 9…11
⑫ 3
⑬ 5
⑭ 8…38
⑮ 5

90쪽 Ⓑ

① 6…11
② 7
③ 6
④ 7…31
⑤ 9…13
⑥ 6…6
⑦ 5
⑧ 7…26
⑨ 6
⑩ 9
⑪ 8…6
⑫ 4

5 Day

91쪽 Ⓐ

① 5
② 6…9
③ 3
④ 3…8
⑤ 8
⑥ 7
⑦ 8
⑧ 8…10
⑨ 9…6
⑩ 5
⑪ 6…11
⑫ 9…14
⑬ 4
⑭ 7
⑮ 7…28

92쪽 Ⓑ

① 4
② 9…6
③ 8
④ 7
⑤ 6…4
⑥ 8…17
⑦ 5…35
⑧ 4…9
⑨ 7
⑩ 2…15
⑪ 9…19
⑫ 6

68 단계

(세 자리 수)÷(두 자리 수) ❷

68단계에서는 몫이 두 자리 수인 (세 자리 수)÷(두 자리 수)의 계산 방법을 익힙니다.
나눗셈의 내림과 뺄셈의 받아내림이 복합된 계산이므로 시간 단축보다는 정확한 계산
을 하는 데 초점을 맞추어 학습합니다.

지도가이드

1 Day

95쪽 A

① 14…39
② 19
③ 13…35
④ 13…19
⑤ 29…18
⑥ 13…7
⑦ 34…9
⑧ 36…6
⑨ 28…19
⑩ 16…19
⑪ 14
⑫ 28…18

96쪽 B

① 19…17
② 16…26
③ 13…37
④ 14…8
⑤ 54…15
⑥ 16…17
⑦ 28
⑧ 32…18
⑨ 76…9

2 Day

97쪽 A

① 78…7
② 14…36
③ 29…17
④ 16
⑤ 13
⑥ 19…18
⑦ 13…47
⑧ 82…9
⑨ 12…29
⑩ 65…8
⑪ 33…8
⑫ 24…19

98쪽 B

① 14…12
② 14…26
③ 12…22
④ 39…9
⑤ 21…29
⑥ 15
⑦ 53…9
⑧ 34…9
⑨ 16…17

3 Day

99쪽 Ⓐ
① 79…1
② 23…17
③ 13
④ 17…4
⑤ 24…7
⑥ 37…16
⑦ 24…26
⑧ 16…18
⑨ 19…29
⑩ 12…3
⑪ 88
⑫ 12…6

100쪽 Ⓑ
① 19
② 14…39
③ 23…16
④ 12…7
⑤ 12…47
⑥ 21…28
⑦ 25…6
⑧ 85…7
⑨ 18…9

4 Day

101쪽 Ⓐ
① 38
② 12…26
③ 13
④ 25…20
⑤ 14…7
⑥ 12…53
⑦ 12…37
⑧ 56…6
⑨ 14…19
⑩ 21…37
⑪ 45…17
⑫ 13…8

102쪽 Ⓑ
① 26…17
② 37
③ 13…27
④ 27…9
⑤ 13…26
⑥ 16…29
⑦ 43…18
⑧ 84…8
⑨ 19…9

5 Day

103쪽 Ⓐ
① 67…4
② 18
③ 67…9
④ 12…48
⑤ 19…18
⑥ 15…28
⑦ 14…29
⑧ 24…26
⑨ 79…4
⑩ 19…19
⑪ 27…18
⑫ 17

104쪽 Ⓑ
① 17…29
② 16…31
③ 78…8
④ 18
⑤ 28
⑥ 26…19
⑦ 29…23
⑧ 36…4
⑨ 17…11

69단계

곱셈과 나눗셈 종합

69단계에서는 곱셈과 나눗셈의 계산을 마지막으로 종합 학습합니다. 곱셈과 나눗셈 문제를 다양하게 풀어 보면서 그동안 배운 계산 원리를 잘 기억하고 있는지 확인하고, 어떤 부분에서 오류를 범하고 있는지 부족한 부분을 찾아 보완할 수 있게 지도해 주세요.

지도가이드

1 Day

107쪽 A

① 14630
② 15900
③ 2700
④ 15000
⑤ 27072
⑥ 14616
⑦ 27720
⑧ 34146
⑨ 15848
⑩ 28662
⑪ 12090
⑫ 24548

108쪽 B

① 3…15
② 1…37
③ 2…4
④ 12…7
⑤ 9…40
⑥ 14…14
⑦ 6…8
⑧ 18…46
⑨ 12…40

2 Day

109쪽 A

① 9612
② 26240
③ 21880
④ 14240
⑤ 21364
⑥ 77140
⑦ 16524
⑧ 40200
⑨ 24576
⑩ 23951
⑪ 4556
⑫ 9408

110쪽 B

① 3
② 2…16
③ 2…18
④ 9…49
⑤ 36
⑥ 26…32
⑦ 17…20
⑧ 9…8
⑨ 11…57

3 Day

111쪽 Ⓐ

① 4272 ⑤ 33408 ⑨ 20460
② 16016 ⑥ 24166 ⑩ 40000
③ 13500 ⑦ 45552 ⑪ 13194
④ 24960 ⑧ 20972 ⑫ 6902

112쪽 Ⓑ

① 4⋯10 ④ 9⋯2 ⑦ 31⋯4
② 1⋯38 ⑤ 22⋯6 ⑧ 29⋯7
③ 5⋯1 ⑥ 7⋯43 ⑨ 12⋯24

4 Day

113쪽 Ⓐ

① 13662 ⑤ 39104 ⑨ 28810
② 32500 ⑥ 42812 ⑩ 26788
③ 22400 ⑦ 65704 ⑪ 60568
④ 17136 ⑧ 45288 ⑫ 11151

114쪽 Ⓑ

① 2⋯10 ④ 39⋯3 ⑦ 14⋯17
② 1⋯22 ⑤ 19⋯16 ⑧ 9⋯40
③ 2⋯16 ⑥ 9⋯21 ⑨ 11⋯44

5 Day

115쪽 Ⓐ

① 9345 ⑤ 44400 ⑨ 28140
② 42228 ⑥ 26840 ⑩ 31056
③ 19800 ⑦ 43724 ⑪ 8602
④ 28340 ⑧ 8700 ⑫ 44025

116쪽 Ⓑ

① 4⋯4 ④ 14⋯46 ⑦ 22⋯32
② 1⋯12 ⑤ 9⋯71 ⑧ 6⋯18
③ 6⋯10 ⑥ 25⋯35 ⑨ 10⋯17

70 단계

4학년 방정식

지도가이드

70단계에서는 □가 있는 곱셈식, □가 있는 나눗셈식에서 □의 값을 구합니다. 곱셈과 나눗셈의 관계를 이용하여 □=_____의 형태로 식을 바꾸어 해결하면 됩니다. 아이들이 식 바꾸는 것을 어려워하는 경우에는 2×□=8, 6÷□=2와 같이 작은 수를 이용하여 식을 알아낼 수 있도록 도와주세요.

1 Day

119쪽 Ⓐ

① 228÷12, 19
② 203÷29, 7
③ 400÷16, 25
④ 360÷72, 5
⑤ 13×39 또는 39×13, 507

120쪽 Ⓑ

① 20
② 8
③ 13
④ 25
⑤ 30

⑥ 4
⑦ 36
⑧ 700
⑨ 480
⑩ 258

2 Day

121쪽 Ⓐ

① 15×24+7, 367
② 20×9+4, 184
③ 12×46+2, 554
④ 41×8+14, 342
⑤ 25×10+15, 265
⑥ 30×12+8, 368

122쪽 Ⓑ

① 298
② 139
③ 753
④ 685
⑤ 622

⑥ 920
⑦ 823
⑧ 194
⑨ 621
⑩ 580

3 Day

123쪽 Ⓐ

① −3, −3 / 13
② −1, −1 / 14
③ −18, −18 / 21
④ −7, −7 / 416 / 416, 32
⑤ −10, −10 / 375 / 375, 25
⑥ −12, −12 / 810 / 810, 30

124쪽 Ⓑ

① 15
② 18
③ 35
④ 26
⑤ 44
⑥ 20
⑦ 12
⑧ 32
⑨ 79
⑩ 8

4 Day

125쪽 Ⓐ

① −5, −5 / 23
② −3, −3 / 22
③ −8, −8 / 17
④ −7, −7 / 612 / 612, 18
⑤ −6, −6 / 518 / 518, 37
⑥ −9, −9 / 504 / 504, 14

126쪽 Ⓑ

① 23
② 18
③ 24
④ 36
⑤ 26
⑥ 18
⑦ 35
⑧ 52
⑨ 42
⑩ 63

5 Day

127쪽 Ⓐ

① 48
② 720
③ 936
④ 242
⑤ 990
⑥ 19
⑦ 15
⑧ 20
⑨ 14
⑩ 65

128쪽 Ⓑ

① 예 □×14=238, 17
② 예 □÷30=25⋯12, 762
③ 예 400÷□=17⋯9, 23

수고하셨습니다.
다음 단계로 올라갈까요?

기적의 계산법

길벗스쿨

기적의 학습서

" 오늘도 한 뼘 자랐습니다. "

기적의 학습서, 제대로 경험하고 싶다면?
학습단에 참여하세요!

꾸준한 학습!

풀다 만 문제집만 수두룩? 기적의 학습서는 스케줄 관리를 통해 꾸준한 학습을 가능케 합니다.

푸짐한 선물!

학습단에 참여하여 꾸준히 공부만 해도 상품권, 기프티콘 등 칭찬 선물이 쏟아집니다.

알찬 학습 팁!

엄마표 학습의 고수가 알려주는 학습 팁과 노하우로 나날이 발전된 홈스쿨링이 가능합니다.

길벗스쿨 공식 카페 〈기적의 공부방〉에서 확인하세요.
http://cafe.naver.com/gilbutschool